全脑学习训练体系

简单 — 实用 — 高效 — 有趣

最强大脑

ZUIQIANG DANAO XUNLIAN FA

训练法

邹雄彬 ◎ 著 》

SPM
南方出版传媒
广东人民出版社
· 广州 ·

图书在版编目（CIP）数据

最强大脑训练法 / 邹雄彬著 . — 广州：广东人民出版社，2019.10
ISBN 978-7-218-13766-7

Ⅰ . ①最… Ⅱ . ①邹… Ⅲ . ①思维训练 – 通俗读物 Ⅳ . ① B80–49

中国版本图书馆 CIP 数据核字（2019）第 164193 号

ZUIQIANG DANAO XUNLIAN FA

最强大脑训练法

邹雄彬 著

出 版 人：肖风华

责任编辑：严耀峰
责任技编：周　杰　吴彦斌
装帧设计：阅客 · 书筑设计

出版发行：广东人民出版社
地　　址：广州市海珠区新港西路 204 号 2 号楼（邮政编码：510300）
电　　话：（020）85716809（总编室）
传　　真：（020）85716872
网　　址：http://www.gdpph.com
印　　刷：广东鹏腾宇文化创新有限公司
天猫网店：广东人民出版社旗舰店
网　　址：https://gdrmcbs.tmall.com
开　　本：889mm×1194mm　　　1/32
印　　张：6.75　　　　　字　　数：150 千字
版　　次：2019 年 10 月第 1 版
印　　次：2019 年 10 月第 1 次印刷
定　　价：39.80 元

如果发现印装质量问题，影响阅读，请与出版社（020-32449105）联系调换。
售书热线：（020）32449123

前言 PREFACE

20世纪伟大的科学家爱因斯坦说过："人类最伟大的发现之一，就是对大脑无限潜能的认识。而人类在未来面临的最重要的问题，就是对大脑潜能的充分开发。"

人脑与生俱来就有记忆、学习与创造的巨大潜力，你的大脑也一样，而且能力比你所能想象的还要大得多。据研究，人的大脑在理论上的信息储存量高达$10^{12} \sim 10^{15}$比特。有人推算，这约等于美国国会图书馆藏书的50倍，即人脑的记忆容量相当于5亿本书籍的知识总量，而且这种记忆能保持七八十年甚至更长时间。

人类大脑的潜能，几乎接近于无限。但到目前为止，人类普遍只开发了大脑的5%，大脑仍有巨大的潜能尚未得到合理的开发。也就是说，只要一个人的大脑没有先天性的病理缺陷，就可以说他拥有可以成为天才的大脑的可能；只要大脑的潜能得到深度开发，他就会在学习能力、思考技巧、职业技能和个人发展上达到惊人的高度，他的能力也绝不会比爱因斯坦逊色。

科学研究表明：人的大脑具有极强的可塑性，通过对大脑部位的刺激和训练，能激发脑细胞活力，促进脑细胞的生长发育和加快神经信息的传递速度，可以使大脑思维更加活跃，激发出大脑内在的潜能。

快速高效的学习、富有成效的工作和完美的生活是许多人的愿望。但如何来实现呢？方法有很多，但最终都要依赖于大脑能力的全面提升。《最强大脑训练法》正是从开发卓越的大脑能力入手，为读者提供了一套全面、系统、有效的开发与训练方案。

《最强大脑训练法》介绍的是一套实用、简单、有趣而又卓有成效的全脑学习训练体系。通过训练可以强化我们对全脑学习的经验，让各种学习变得更简单和轻松。

我们知道，传统的教育方式注重左脑的开发，而忽视了右脑强大的功能，让完整学习所需要的脑整合机制得不到有效的发挥。解决之道当然是全脑学习，通过对大脑潜能的开发及超级记忆能力的培养来激活大脑沉睡中的巨大的能力，接通大脑本来无法接通的部分。当我们的杰出大脑的能力得到开发和有效运用时，学习和行为方式就会随之改变。

本书汇集了许多简单、高效的大脑训练方法，注重将训练方法的实用性和有效性相结合。本书结构清晰明了，语言通俗易懂。通过阅读本书，根据本书的提议进行训练，你将为大脑和思维的奇妙惊叹，你将为自己获得快速高效的超级记忆力而惊喜。

目录

第七章　超级记忆法的应用

上编
大脑潜能开发的原理与操作

本编提要

◎ 为什么要进行大脑潜能开发

◎ 认识大脑

◎ 脑力开发训练系统

科学研究表明：人的大脑具有极强的可塑性，通过对大脑部位的刺激和训练，能激发脑细胞活力，促进脑细胞的生长发育和加快神经信息的传递速度，可以使大脑思维更加活跃，激发出大脑内在的潜能。

第一章

为什么要进行大脑潜能开发

本章提要

◎ 大脑具有无限潜能

◎ 大脑潜能开发可以提高人的智能

◎ 大脑潜能开发可以提升人的情商

◎ 右脑的运作机能影响人体健康

第一节　大脑具有无限潜能

　　研究显示：天才都具有发达的右脑，有着超群的想象力和洞察力。达·芬奇、爱因斯坦、居里夫人……无一例外。

　　爱因斯坦被公认为世界上最聪明的人之一，他逝世后，病理学家托马斯·哈维博士对他的大脑进行了长达24年的研究。研究结果表明，爱因斯坦的大脑容量、重量及脑内变化都与同龄者基本一致。

　　这很令人费解，天才之所以成为天才，不是因为他们先天拥有特殊的大脑，那到底是因为什么呢？

　　直到1981年，美国加州理工学院的罗杰·斯佩里教授提出了"左右脑分工理论"，这一理论从右脑机能方面给天才与普通人的区别提供了一个有力的证据。

　　罗杰·斯佩里教授的研究表明，人的左脑和右脑有着完全不同的机能，左脑是用语言来运转，而右脑则是用图像来运转的。右脑对信息的存储与处理都要强于左脑，右脑的记忆能力是左脑的100万倍。当天才显示出其能力的时候，毫无例外地都是他们的右脑在发挥作用。天才用他们的右脑获得形象信息，再把这些信息转化为左脑的语言信息表现出来。

右脑潜藏着许多不为人知的神秘机能。然而，在现实生活中，普遍现象是95%以上的人很少使用自己的右脑，这种现象和现行的教育体制有很重要的关系。目前大多数的学校教育都只注重对左脑的开发和使用，而忽略了右脑潜能的开发和使用。

现代心理学研究表明：人类目前所具有的能力仅占大脑全部能力的5%～10%，最多不超过15%，尚有85%～95%的能力没有发挥出来。而这些没有开发出来的能力大多隐藏在右脑中——右脑的价值没有得到充分发挥，因此我们要进行大脑潜能的开发，大脑潜能的开发具有重要的价值。

第二节 大脑潜能开发可以提高人的智能

现代脑科学专家认为，人类的潜在智商有2000左右，也就是说人人都有成为天才的潜质，但现代人的智商一般是在49~152之间，不到潜在的2000智商的1/10。我们知道，一个人只要拥有140以上的智商，就可被称为天才，如果智商在200以上，更被捧为超级天才。但即使是超级天才的智商与潜在的2000智商相比，仍然是小巫见大巫。事实上，人类在现实生活中真正被使用的脑力与大脑潜能相比相差甚远。如果通过对大脑潜能的开发，使大脑的利用率得到提高，人们的学习效率与工作效率也将会成倍地提高。所以，开发右脑对于促进人的智能发展具有重要意义，这主要体现在下面4个方面。

一、增强记忆力

从左右脑的信息容量来分析，左脑的容量只占大脑信息总容量的5％～10％，还有90％～95％的潜能为右脑所有，如果右脑的记忆容量被开启，人脑就会有超乎想象的记忆能力。

从记忆的原理来分析，左脑是浅层记忆，右脑是深层记忆。人的意识分为表层意识和深层意识两种，也就是通常所说的显意识和潜意识。两种意识的工作内容不同，显意识位于大脑左半球，潜意识位于大脑右半球。通常人们的记忆只使用显意识，不大使用潜意识，但出色的、超级的记忆力其实存在于我们的潜意识中。

日本右脑教育专家七田真认为，左脑的记忆是低速记忆，而右脑是高速记忆，素质完全不同。左脑记忆是一种"劣根记忆"，不管记什么都会很快就忘记；而右脑记忆则让人惊叹，它有"过目不忘"的本事。这两种记忆的能力之比竟高达1∶100万！可见，左脑记忆实在没法和右脑记忆相比。

从记忆的方式来分析，左脑是逻辑记忆，右脑是直觉记忆。逻辑记忆是通过分析、推理等思维过程后产生的记忆，而直觉记忆是以影像及声音的方式不自觉地将信息记忆在脑中，这种记忆方式效率极高。例如，我们每个人都有过这样的体验：曾经看过的某些电影，去过的一些地方，认识的某些人等，无论经过了多少年，却仍然记忆犹新。对于这些信息，我们并没有反反复复练习，却清清楚楚地记住了，这都是直觉记忆的功劳。

我们时常在不经意间就学会了一首歌，而且这首歌曲一辈子都忘不掉，这便是右脑将声音进行直觉记忆，进入大脑潜意识的结果。这些歌曲我们也许未特意记忆，却自然地记住了。

美国著名数学家诺伊曼博士曾以电话本上的数字对幼儿的直觉记忆力做过实验。他发现只要幼儿能集中注意力看一次电话本，几乎可以记得里面所有的电话号码。也许人们会惊叹这些幼儿的记忆能力，但其实这是人类天生的本能，只不过没有被充分开发利用而已。我们处在信息大爆炸的时代，一个人要掌握的知识是古代人的几千倍甚至几万倍，因此，如何在如此庞大的信息库中有效地搜集和储存信息是人的潜能开发的关键，同时这也正是右脑的功能。可见，开发右脑是新时代的要求。

二、培育直觉思维能力

直觉思维是指对一个问题未经逐步分析，仅依据内因的感知迅速地对问题的答案做出判断、猜想、设想，或者在对疑难百思不得其解之时，突然对问题有了"灵感"和"顿悟"，甚至对未来事物的结果有了"预感""预言"，此等都是直觉思维。

直觉思维是人类的一种基本思维方式，具有直接性、突发性、非逻辑性、或然性和整体性等特点。直觉思维的基本内容包括：直觉的判断、直觉的想象和直觉的启发。它不仅在创造性思维活动的关键阶段中起着重要的作用，还是人类生命活动、延缓衰老的重要保证。因此，直觉思维是完全可以有意识地加以训练和培养的。

右脑具有超强的直觉能力，这是被许多成功人士所证明的。美国得克萨斯大学的阿格教授调查了美国2000家成功的大公司的经理，发现他们中的多数人具有较好的右脑直觉思维能力，使他们能预知未来的变化，帮助企业做出重大决策。

著名科学家钱学森在谈论思维科学问题时，不止一次地谈到诺贝尔化学奖获得者莱纳斯·鲍林的故事。鲍林是美国理论化学家，他把量子力学的原理和方法用于分子结构研究，在弄清复杂化合物的分子结构和物质聚合力方面做出了重要贡献。分子结构研究需要应用X射线衍射等精密测量方法，对数据处理和图像分析的要求很高。有一次，鲍林的一名研究生向他报告，说某个分子的结构已经研究出来了，是怎么一回事云云。鲍林既没有查电子衍射资料，也没有画图，只是沉思了片刻，就对研究生说：不对，你说的那个结构在角落里打架了，没有空间，原子塞不进去呀。研究生起初还不信老师就那么一想就能发现问题，后来回去一查数据，果然是自己忽略了一个重要问题，不由得心服口服，对老师肃然起敬。

显然，鲍林在判断这个问题的时候，既不是单靠推理，也不是只用形象思维，而是靠直觉。

美籍华裔物理学家丁肇中在谈到"J"粒子的发现时写道："1972年，我感到很可能存在许多有光的而又比较重的粒子，然而理论上并没有预言这些粒子的存在。我直观上感到没有理由认为这种较重的发光的粒子（简称重光子）也一定比质子轻。"这就是直觉。正是在这种直觉的驱使下，丁肇中决定研究重光子，最后终于发现了"J"粒子，并因此而获得诺贝尔物理学奖。

既然超强的直觉能力是大脑的功能之一，从这种意义上说，对大脑进行潜能开发的训练就是直觉强化的基础。

三、拓展想象力

想象力是人在头脑中创造一个念头或思想画面的能力。可以说拥有想象力是我们人类能比其他物种优秀的根本原因。因为有想象力，我们才能发明创造，发现新的事物定理。如果没有想象力，我们人类将不会有任何发展与进步。而拓展想象力最好的方式就是锻炼右脑的形象思维，因为想象力主要是右脑的机能，右脑开发的一些方法对于想象力的培育和提高都有好处。

"创新思维之父"爱德华·德博诺曾说："要避免文字造成的僵滞，我们有一个很好的办法，就是在思考的时候，脑海里尽量多用图形，少用文字。"这是一种很有价值的思考习惯，因为视觉上的"意象"远比文字来得更有流动性和可塑性，更能使我们自由地思考。这正说明了，改变大脑的思维方式可以锻炼人的想象力。

形象思维也是人们普遍使用的一种思维方法。例如，化学家设想复杂的分子结构，天文学家观测布满繁星的夜空，建筑设计师设计图纸，机械工程师设计机器，建筑施工人员将图纸变成建筑物，侦察人员分析罪犯作案的现场，工作中的会议安排布置，对过去事情的回忆，对未来生活的设想，等等，都需要右脑的形象思维。

英国学者哈莫尔说："右脑的图像思维能力是惊人的，调动右脑思维的积极性是科学思维的关键所在。"

四、激发创新能力

现代科学认为，人的意识分为显意识和潜意识。两者性质、功能各异，各自都具有独立性。任何一个人都同时拥有显意识和潜意识，显意识一般指自觉的心理活动，而潜意识则是我们不知不觉、没有意识到的心理活动。两者相比，潜意识的能量远远大于显意识。

外界的信息经过人的大脑的逻辑分析、思考和能动的改造，便形成显意识。而潜意识对外界的信息乃至人本身的心智活动则自动进行着储藏、记忆、分析、排列、组合等活动，它24小时不停地工作，在一定的条件下才会引起人的直觉、超感，支配人的行为，甚至起到自动解决问题的作用。但在一般情况下，它是潜藏着的，是不显露的，是人自身"意识"不到的。它只在一定条件下才被"释放"出来，让人"意识"到，发挥认识的、创新的、解决问题的功能。

当人在进行创新活动时，由于长时间高度集中精力思考，会产生意识定向作用，造成"功能固定性"障碍，大脑由兴奋转为抑制，使思维僵化、思路呆板，这时尽管耗尽心血、绞尽脑汁进行有意识的努力，也难以取得突破。在这个过程中，潜意识不但吸取着外界的信息，同时也吸取着人思考活动的信息，对显意识起着支持、辅助的作用。当显意识处于"功能固定性"障碍时，潜意识的活动并未停止，仍然按显意识定向的方向进行着智能活动。这种智能活动能力很强，有着精细的功能定位，把大量有用的信息潜存在意识深处。当人停止有意识的思考时（如睡觉、放松心情休息等），排除了大脑的抑制过程，消除了显意识的"功能固定性"障碍，潜意识便会浮现出来，使人茅塞顿开，更能找到答案，获得创新的成果。由于这种突如其来的"顿悟"显得神秘突兀，人们称之为灵感。所以，著名美学家朱光潜说："灵感是在潜意识中工作，在意识中收获。"

潜意识的作用启示我们，应当在创新活动中注意利用和发挥潜意识的功能，特别是在显意识下的努力未能奏效时，不妨松弛一下，激发"灵感"，抓住"灵感"，利用潜力巨大的潜意识来帮助解决难题。而利用潜意识解决问题的前提是高度的意识定向，即长期高度集中精力的有意识的努力。这些能力都必须通过对大脑进行活化训练才能获得，因此，开发潜能对提高人的创新能力有着十分重要的作用。

第三节　大脑潜能开发可以提升人的情商

自1990年美国耶鲁大学教授彼得·沙洛维提出"情商"的概念以来，人们日益关注自身情商的发展。当代西方心理学家通过大量研究发现：人的情商比智商更重要，情商在更大程度上决定了人生的成败。一项对哈佛大学学生进行的研究证明，那些在智商测试中得到最高分数的学生，其成功率并不比得分一般的学生高。在个人成功中，智商只起到约20%的作用，而80%靠的是情商。

那么什么是情商呢？

彼得·沙洛维认为情商是指"把握自己和别人的感觉和情绪，加以区分并利用这些信息来引导一个人的思维和行动的能力"。

哈佛大学教授霍华德·加德纳认为，情商就是自我认知智力和人际智力的总和。

心理学家瑞文·巴昂认为，情商是一个人乐观、灵活、应对压力及解决问题的能力和理解别人的感情并维系良好人际关系的能力。

哈佛大学心理学博士丹尼尔·戈尔曼把情商诠释为人在情绪、情感、意志、耐受挫折等方面的品质，主要包括认识自身、管理自我情绪、认识他人、管理人际关系以及自我激励等5个方面。

综上所述，几乎所有的心理学家都有一个共识——情商的能力都是以自我认知的能力和认识他人的能力为基础的。

以上这条基本共识，得到了右脑教育专家的认同。因为在人脑中，右脑是情感脑，具有控制情绪和知觉的功能，这一说法是有科学依据的。

哈佛大学医学院神经科学家朱利安·基南教授的有关研究表明：人是用右脑来认识自己的，右脑是人心灵之所在。他的实验是这样的：他将受试者的左半脑和右半脑分别麻醉，然后拿一张合成照片给他们看，照片一半是受试者本人的脸，另一半是名人的脸。右脑麻醉后，受试者看到的是名人的脸；左脑麻醉后，受试者看到的是自己的脸。人只有在右脑受损时，才会发生"什么都认得出来，就是认不清自己"的情况；右脑受伤更严重时，人会出现"躯干分辨错乱症"，即这类人会误以为自己的四肢是别人的。

一个高情商的人会综合利用大脑中的各个部位，并在大多数情况下用好自己的右脑。他对自己有清醒的认识，有在任何情况下都不妥协的底线。这样的人会保持人格的完整，以自己的价值观来行事。本来达到这样的境界需要经过漫长的时光，但如果以有效的方式开发你的右脑，也能相应地提高你的情商。

第四节 右脑的运作机能影响人体健康

在我们的生活中，有这样一些人，他们身患绝症，被医生判处了死刑，但是他们勇于和病魔抗争，超越了医学的极限，有些人甚至最终战胜病魔，恢复了健康。这是为什么呢，这样的事有什么科学根据呢？

研究证明，肿瘤、高血压、糖尿病、胃病、冠心病、神经性头痛、荨麻疹、过敏性皮炎、支气管哮喘、甲状腺机能亢进等几十种疾病都与心情有关。不良情绪会给身体造成极大的危害。

我们知道，情绪是由右脑来主导的，因此右脑影响着人的心情，也影响着人的身体健康。

因为右脑是情感脑，人的七情六欲都是由右脑支配的，所以人的意念和心情波动会影响人的气血运动，对气血在体内的流动有定向性和定位性。

所谓定向性，就是人的意念会使体内的气血按一定规律被导引向身体的某个部位。比如，当人害羞的时候，会有脸红、脸热的感觉，这是气血被意念能量的波动引导至脸部的结果；当我们被突然吓一跳的时候，就可以感觉到心脏在扑腾跳动，脸色就会变白，这是害怕的心情把气血定向地引导到肾的结果。

这样多次的心情波动会导致气血的非正常运行，使人体器官受到伤害，从而产生病理反应。

所谓定位性，就是我们的意念和心情波动会使我们身体对应的部位有反应。比如，当我们想要说话的时候，我们的口舌就会发生变化；当我们想要看见一样东西的时候，我们的眼睛就会发生变化。不仅意念有定位性，心情也有定位性：当我们因高兴而发笑过度时，会感觉上不来气，这种气短是心脏功能失调引起的，对此中医内伤病因理论中有"喜伤心"的明确论述；当我们因心情过度悲伤而痛哭时，也会出现上不来气的感觉，这种感觉是肺的功能受到影响引起的，对此中医有关于心情对身体的定位性的"悲伤肺"的论述。

无论西医、中医或心理咨询师，都会嘱咐病人要保持心情舒畅。曾有这样的科学实验：在喂给老鼠的食物中加入致癌物质，其癌症发病率仅为10%；当对老鼠进行能够引起精神紧张的强烈刺激时，其癌症发病率上升到50%。

类似的实验作用于人体，也会产生相同的结果。专家深入调查一群志愿者的健康状况，然后在5年之后再次访问他们。结果发现：吸烟者已经死亡的比非吸烟者多1倍，而先前自称"健康恶劣"者已经死亡的比自称"健康"的人多出6倍。

由此可见心情对于人体健康的重要性。而启动右脑的想象功能，就可以缓和人的各种情绪，使心情保持平静和愉悦，从而使体内气血运行恢复正常状态，这非常有益于人的身体健康。

第二章

认识大脑

本章提要

第一节　左脑与右脑的差异

　　人类的大脑由大脑纵裂分成左、右两个大脑半球，它们在不同的智力区域发挥着不同的作用。

　　美国的罗杰·斯佩里教授通过割裂脑实验，证实了大脑不对称性的"左右脑分工理论"，并因此荣获1981年的诺贝尔生理学或医学奖。

　　罗杰·斯佩里教授认为，正常人的两个大脑半球之间由胼胝体连接沟通，构成一个完整的统一体。在正常的情况下，大脑是作为一个整体来工作的，来自外界的信息经胼胝体传递，左、右两个脑半球的信息可在瞬间进行交流（以每秒10亿位元的速度彼此交流），人的每一种活动都是两个脑半球间信息交换和综合的结果。

　　大脑的两个脑半球在机能上有分工，左脑半球感受并控制右边的身体，右脑半球感受并控制左边的身体。左脑主要负责语言、分析、推理、计算、理解和判断，对文字、符号具有识别的能力；其思维方式以抽象思维和逻辑思维为主，具有连续性、延续性和分析性等特点，通常被称为逻辑脑、语言脑、理性脑和学术脑。

右脑主要负责心像、直觉、灵感、想象等能力的产生，对图形的识别和对感情的控制等，对音乐、艺术具有特别的鉴赏力；其思维方式以形象思维和直觉思维为主，具有无序性、跳跃性和直觉性等特点，通常被称为心像脑、创造脑、感性脑和艺术脑。

综观左右脑的主要机能与思维方式，左右脑的能力是无法相互替代的。左脑善于对某一事物进行严密的推理、深入的分析，是人一切理性活动的基础；而右脑善于展开空间的想象，依靠直觉思维产生许多创造性的想法，右脑对人的想象与创造活动具有左脑无法比拟的优势。

关于左右脑的差异，日本右脑开发专家、医学博士品川嘉也认为：左脑最大的特征是拥有语言中枢，而右脑在感觉领域大显身手，负责鉴赏绘画、欣赏音乐、凭直觉观察事物、综观全局、把握整体。

品川嘉也认为左脑强大的语言功能主要体现在两个方面：

1. 操纵语言，读解文字、数字，写文章；

2. 将复杂事物细分为单纯要素，有条不紊地进行条理化思维。

大脑生理学理论认为，右脑在感觉领域的功能表现如下：

1. 类别认识能力——只记忆事物局部，便能抓住整体印象；

2. 图形认识能力——将抽象的语言、事物作为一张图片来把握；

3. 空间认识能力——进行立体思维，从感觉上认识空间；

4. 绘画认识能力——将事物以一幅图画的形式进行把握，而非图形；

5. 形象认识能力——扩展形象的能力，与创造性密切相关。

品川嘉也在他的著作《儿童右脑智力开发》一书中指出："如果将人的左右脑比作人，那么，左脑就是那种循规蹈矩、缺乏情趣的人。而右脑则是具有意外性、洋溢着创作欲望、充满活力的人。"

尽管右脑理论最早起源于西方，但日本却是右脑教育最发达的国家，近几十年来涌现了许多优秀的右脑教育专家。其中，七田真博士是杰出的代表之一，他40多年来致力于倡导和实践右脑教育的研究、开发和推广。目前日本有400多所学校采用七田式教学法。他的教育理论还远播美国、中国和东南亚等地，在国际上产生了广泛影响。

关于左脑与右脑的其他差异，七田真则主要是从"信息记忆容量"和"信息处理速度"两个方面来分析和阐述的。

1. 在"信息记忆容量"方面，左脑对从外部进来的信息话语有意识地进行记忆，因此它的记忆容量是有限度的；右脑则对从外部进来的信息心像化（图形化），无意识地进行记忆，所以它的记忆容量没有限度。

上述结论的根据在于：左脑的记忆很快就会被遗忘，与记忆相比，遗忘的速度更快，这是因为左脑的记忆容量有限，不遗忘就不能记忆新的信息。与此相对应，在右脑中存在的记忆不但不会忘记，而且必要时随时都可以再现。这是因为右脑的记忆容量没有限度，并且可以对信息进行图形化记忆。

2. 在"信息处理速度"方面，进入左脑的信息需语言化处理，所以需要花费时间；而进入右脑的信息是图形化处理，瞬间就可以完成。

同时，七田真及许多日本右脑教育专家都认为右脑包揽着人类生活所必需的最重要的本能和自律神经系统的功能，以及道德、伦理观念乃至宇宙规律等人类所获得的全部信息。比如，刚出生的婴儿如果左脑出现障碍，可以照常吃母亲的奶，但如果右脑出现障碍，就不能靠本能吃奶。意识行为的本能属于右脑的功能范畴，这就说明了右脑天生存在着生存所必需的最佳信息，是人类先天的记忆宝库，而左脑不断储存着后天所获得的各种信息，成为经验和知识的记忆宝库。

第二节　左右脑协同工作

　　左右脑在生理机能上有分工，但在大脑工作时必须有协作，这是大脑工作的基本规律。

　　我们认识左右脑的分工，是为了进一步认识右脑的功能，改变人们惯用左脑的习惯，使人们更富有想象力和创造性。但是，不能把左右脑对立起来。神经学家认为，左右脑对我们在行为表现、理解世界等方面分别起着不同的作用，对我们个人和职业生活有着指导意义。

　　在任何时候左右脑都是协调工作的。比如你手里拿着一个苹果，咬了一口，看似简单的动作，脑中却已经进行了相当复杂的处理程序：眼睛看到了苹果的形状、颜色，鼻子嗅到了苹果的气味，手感受到了苹果的温度及重量，接着咬下苹果时，舌头上的味蕾分辨出了苹果的味道，当以上的感觉器官分析出结果并传输到左脑时，左脑开始运作，回溯到以往所学习过的关于苹果的记忆，判断出口中所咬的是苹果，于是才放心地开始吃。这一个简单的过程就需要左右脑的协调才能完成。

英国心理学家麦克马纳斯说得好："无论怎样分开谈论左右半脑，它们实际上都是协作的，大脑作为一个运行平稳、唯一的联合体，是完整统一的。左半脑知道怎样处理逻辑，右半脑了解世界。两者结合在一起，人类就有了强有力的思考能力。只用任何一个半脑的结果将是古怪可笑的。"右脑开发的目的是为了充分发挥右脑的优势，并不是以右脑思维代替左脑思维，而是更好地将左右脑结合起来，进行人类左右脑的第二次协同，充分调动起人脑的潜能。

斯佩里的研究表明，人的大脑两半球存在着机能上的分工。对于大多数人来说，左脑半球是处理语言信息的"优势半球"，它还能完成那些复杂、连续、分析性的活动，以及熟练地进行数学计算。右脑半球虽然是"非优势的"，但是它掌管空间知觉的能力，对非语言性的视觉图像的感知和分析比左脑半球占优势。有研究表明，音乐和艺术能力以及情绪反应等与右脑半球有更大的关系。对于正常人来说，大脑左右两半球的功能是均衡和协调发展的，既各司其职又密切配合，二者相辅相成，构成一个统一的控制系统。若没有左脑功能的开发，右脑功能也不可能完全开发，反之亦然。无论是左脑开发，还是右脑开发，最终目的是促进左右脑的均衡和协调发展，从整体上开发大脑。

脑科学家奥恩斯坦也发现，如果对两"半球"中的

"未开垦处"给予刺激，激发它积极配合另一"半球"的作用，结果大脑的总能力和效率会成倍地提高。一个"半脑"加另一个"半脑"不等于一倍的效益，因为这不能按照常规数学进行运算。用一个"半脑"发挥作用并"加"到另一个"半脑"上时，产生的效果常常能提高5~10倍。所以开发右脑就是要通过调动右脑的功能，增强左脑的功能，从而提升全脑的功能。

可见，如果我们的大脑左、右两个半球都能够得到充分的开发和利用，使用全脑思维，那么我们一定能够获得超强的能力。

然而，我们人类虽然拥有完整的"全脑"——左右脑，但却仅使用了大脑的半边，特别是多以左脑为主，而右半边的大脑几乎闲置。为什么会这样呢？这跟我们的教育密切相关。

美国加州理工学院的博根博士认为："现今的学校教育从事的只是针对左右脑中的一个半球体（左脑）的教育，剩下的一半就任其搁置。这使得具有能达到高水平可能性的人脑闲置，如同不让他去学校学习一样。"美国盖洛普民意调查研究所的盖洛普所长也认为："现今的教育是以灌输知识为主要目标，这种教育对孩子们所具有的智力开发很少起作用，今后应该直接开发大脑，把发掘自身具有的潜在能力作为教育的目标。"

两人共同指出的事实是，迄今为止的教育是左脑教育，缺乏对右脑的培养。也就是说，我们目前接受的教育只重视左脑而忽视了右脑，而右脑的教育其实也是很重要的。

第三节　大脑具有可塑性

科学家发现，成人的大脑远比他们想象的具有可塑性，个人行为甚至环境因素能导致大脑细胞的重新布局，甚至改变其功能。

针对大脑可塑性的研究显示，无论是健康状态还是受损以后，无论是儿童、成人还是老年人，大脑在外界信息的输入影响下均有很强的可塑性。

当外部环境改变，或是大脑本身出现某些缺失时，大脑内部的神经系统会自动进行调整。也就是说，人的大脑可以被环境或经验所修饰，具有在外界环境和经验的作用下不断塑造自身结构和功能的能力。如果给大脑以均衡合理的刺激，它就会变得灵活，即大脑受到外界的刺激越多就越具有灵活性，人也会越来越聪明。

研究表明，体育锻炼能够改善大脑的执行能力，包括规划、组织和多任务处理能力。你所摄入的食物也对大脑的有效运作有所影响，同样，诸如听音乐、玩游戏、沉思等活动也可提高大脑的认知能力。

一、脑神经突触的可塑性

脑神经突触功能的强弱取决于其信息传递的速度，而突触传递速度受到外界信息的支配。当外界信息量加大时，脑神经细胞间的联系会更加活跃，从而大大促进了信息的交换和处理，脑神经突触的功能也会越来越强。当外界信息量极度降低时，突触就会凋亡，或者其树突分支受体面积将会减少。

二、大脑神经元的可塑性

大脑神经元的条件性活动是脑神经突触与大脑皮层功能代表区之间的桥梁。外来信息的刺激促使大脑神经元把神经元膜电位和外来信息在时间上结合，对神经元的选择性反应特征进行修饰。也就是说，通过获取外来信息的经验可以改变大脑神经元的反应特征。

三、大脑皮层代表区的可塑性

感觉、运动、语言、认知等功能在大脑皮层具有各自的功能代表区。皮层代表区不是固定不变的，经验或训练可以重组皮层代表区的精细结构。某些智能和运动技巧的习得就是来自于经验依赖性的大脑皮层的结构重组。

可见，正是大脑具有强大的可塑性，才使人类的各种高级的心理活动得以多层次、按系统运作的复杂模式进行，而脑功能发展的差异也造成了人与人之间能力的不同。

第四节　脑电波原理

顾名思义，脑电波就是脑细胞活动时所产生的电波。早在1857年，英国一位青年生理科学工作者在兔脑和猴脑上就记录到了脑电的活动，但当时并没有引起人们的重视。直至1924年，德国的精神病学家贝格尔才真正地记录到了人脑的脑电波，从此诞生了人的脑电图。之后经过数十年不断的测试研究，国际脑波学会针对不同震动的频率，把脑波由慢到快依序分为δ（得尔塔）波、θ（希塔）波、α（阿尔法）波、β（贝塔）波。

由于脑电波和人类的意识活动有某种程度的对应，因而引起了许多研究者的兴趣。人们通过临床经验得知，在不同的脑电波频率下，人的思考能力与精神状态有着较大的区别。

β波为优势脑波时，人处在平常的清醒状态。随着β波的增加，身体会逐渐呈现紧张状态，准备随时因应外在环境，做出反应。大脑能量除了维持本身系统的运作外，尚须指挥对外防御系统做准备，因而消减了体内免疫系统能力。在此状态下，人的身心能量耗费较剧烈，快速疲倦，若没有充分休息，压力就会堆积。然而，适量的β波对积极的注意力提升以及认知行为的发展有着关键性的助益。

α波为优势脑波时，人的意识清醒，但身体却是放松的，它是意识与潜意识的桥梁。由于在这种状态下，身心能量耗费最少，相对地脑部所获得的能量较高，运作就会更加快速、顺畅，灵感和直觉变得敏锐，脑的活动活跃。现代科学认为α波是人们学习与思考的最佳脑波状态。

θ波为优势脑波时，人的意识中断，身体深沉放松，这是一种高层次的精神状态，也就是佛家所说的"入定"。在这样的状态下，由于意识中断，使得我们平常清醒时具有批判性或道德性的过滤机制被埋藏起来，因而打开心灵之门，对于外界的信息呈现高度的受暗示性状态，这就是为什么人在被催眠时会容易接收外来的指令。此外，θ波与脑部边缘系统有着非常直接的关系，对于触发深层记忆、强化长期记忆等帮助极大，所以，科学界称θ波为"通往记忆与学习的闸门"。

δ波为优势脑波时，为深度熟睡、无意识状态。人的睡眠质量好坏与δ波有非常直接的关联：处于δ波中的睡眠是一种无梦且很深沉的状态，通常一夜正常的睡眠周期会出现这种状态4至5次，而发生在睡眠初期的第一个周期即是无梦的δ波状态，所以，如果在辗转难眠时，能让自己召唤出近似δ波边缘状态的身心感觉（当然要经过训练），您就可以很快地摆脱失眠并进入深沉睡眠——真正的美容觉追求的就是这种时间短但深入的睡眠。此外，根据科学研究，δ波亦是开发人类直觉系统的关键。

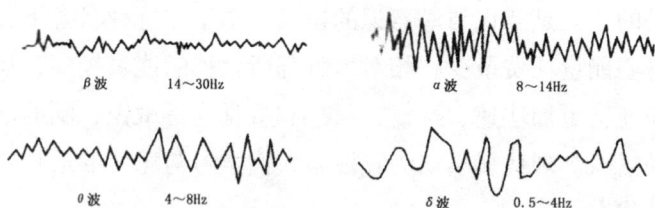

图1　脑电波波形示意图

那么这4种脑电波和右脑开发有什么关系呢？我们知道，右脑开发从本质上说是调动人的潜意识来学习。许多研究人员和教师都认为，最适合潜意识的脑电波活动是以8~12赫兹的速度进行的，即α波。英国快速学习专家柯林·罗斯说："这种脑电波以放松和沉思为特征，是你在其中幻想、施展想象力的大脑状态。它是一种放松性警觉状态，能促进灵感、加快资料收集、增强记忆。α波让你进入潜意识，而且由于你的自我形象主要在你的潜意识之中，因而它是进入潜意识唯一有效的途径。"

美国快速学习先驱泰丽·怀勒·韦伯也指出，在

α、θ波这两种脑电波状态下，人的身心是放松的，注意力是集中的，主观感受是舒适的。在这样的状态下，非凡的记忆力、高度的专注力和不同寻常的创造力都可以获取。

脑科学界对此进行了大量的实验，即对那些被誉为天才的人进行脑电波测定。测定的共同结果是：人一旦处于放松状态时，大脑就会涌现出大量α波，一些重要部位的机能被激活；反之，如果感觉到紧张和恐慌，身体机能就会下降，相应地，也就难以发挥出自己的能力。

所以，α波状态是右脑开发的钥匙，每一次右脑训练前，都必须将脑电波调整到与α波相近的状态。

第五节 右脑的特殊性与卓越性

一、右脑的4种特殊机能

右脑和左脑相比具有下面4种特殊机能。

（一）和宇宙波动共振、共鸣的机能

右脑的第一种特殊机能，是能够和宇宙的波动形成共振、共鸣，从而可以接收到宇宙波动所传递的信息。因此，右脑又被称为"宇宙脑"。人类的右脑具有音叉功能，这种功能能与外界万物所发出的波动产生共振。科学研究发现，世上所有的物质都具有固定的振动，万物是以波的形式而存在的，这种波不是电磁波，而是宇宙的能量波。人的右脑潜藏着和万物共鸣、和宇宙共振的能力，并可以将其音像化，从而使人在脑海里出现图像和声音，就如收音机将波动转化为声音，电视机将波

动转化成影像。

这种共振产生的条件是：人要保持在无意识状态，而这正是右脑的功能。波状态是产生共振机能的前提。科学家研究表明，宇宙波动的频率是7.5赫兹，这正是α波和θ波的相交状态。

（二）意象化的机能

右脑的第二种特殊机能是意象化的机能。所谓意象化的机能，是指看过、听过的事物可以通过意象来显现。这种机能可以说是一种基础的"转换"功能，因为它可以将高层次的、由宇宙波动所接收到的资讯转换成图像，以便于进行记忆和处理。另一方面，它也可以进行反向操作，将低层次的，由左脑吸收的文字、数字或序列性的资讯转换成右脑擅长处理的图像。这种右脑的意象化处理方式，比左脑的语言化处理方式更迅速。

美国有一位中学教师叫艾德华，有一次在上美术课时，她发给每位学生一幅人物肖像作品，让他们去临摹。但许多学生感到力不从心、无处下笔，艾德华一时间也不知道该从何辅导。正在焦急之际，她忽然冒出一个怪主意：让学生们把肖像倒过来再照着画！这样做的结果出人意料，学生倒着画，不仅能画出肖像，而且大多很成功！学生们最终迅速、不费劲地将肖像的主要特征画了出来。

为什么仅仅改变了画的位置后就取得了不一样的效果呢？这是因为，当画面正放的时候，孩子们看到的是一个"人"，因此就千方百计地想把这个人画得

"像"，而这些思维过程是在大脑左半球内进行的。

将画倒过来放，孩子们看到的画面就变成各种线条和空间结构了，只要将这些线条和空间结构画好就行了。我们知道，大脑左半球是指挥逻辑推理和语言表达的，右半球却具有空间、形象的思维功能，因为孩子们第二次运用的是右脑，从而迅速地完成了作品。

（三）高速地大量记忆的机能

右脑的第三种特殊机能是高速地大量记忆的机能。由于右脑是用图像记忆，可以快速处理，并且无限量储存各种信息，因此任何信息一旦进入右脑，就会被长久记忆。而左脑容量有限，输入新信息就必须把部分旧信息丢弃，因此记忆时效十分短暂。而大量记忆的信息，特别是来自宇宙所传达的信息，则是人类丰富知识、想象力和直觉能力的基础。

（四）高速自动处理的机能

右脑的第四种特殊机能是高速自动处理的机能。人类大脑所拥有的原始本能，会依照信息输出、输入的数量和速度，自动调整后分别以左、右脑加以处理。当我们以缓慢的速度阅读或听取信息时，左脑将会抢先运作，致使右脑处于休息状态。但是，当面临快速而大量的信息刺激时，左脑不胜负荷，被迫停工，这时候右脑就会自动启动而发挥它的功能。

二、右脑的5种超能力

因为拥有上述特殊机能，右脑得以在下列5个方面表现出超强的能力，使学习成为轻而易举之事，这也是"天才"之所以为天才的具体表现。

（一）超感觉能力

包括心电感应、念力、直觉力、预知力、透视力、触知力以及听觉、嗅觉、味觉的敏觉能力，这是发挥人类在眼、耳、鼻、舌、身、意等各种感官的天赋能力。

（二）直观像能力

这是具有一览无遗而且过目不忘的能力，也是脑、心、眼协同运作所达成的能力。

（三）绝对音感能力

绝对音感能力指的是在听到某种声音的瞬间，就知道这种声音名称的能力。拥有绝对音感的人，能从平时不为人注意的杂音中分辨出是何种声音。婴儿有辨识人类语言中所有800多个音素的能力，这就是右脑的天赋能力。

（四）高速计算能力

这是在意象化机能的基础上，配合高速处理和大量记忆的机能，将数字转化为图像处理所表现出来的计算能力。

（五）直觉语文学习能力

其所凭借的是意象化机能和大量记忆的机能，将语文转化为图像，便于像婴儿一般以直觉方式学习，可以大量储存，并且形成永不磨灭的记忆。

提出"最佳学习状态"这个概念的是加速学习方法专家乔治·罗扎诺夫，在他运用音乐配合加速学习方法所实施的外语教学中，学生一天之内能够记忆的单词竟然高达1000~1200个，足以证明右脑拥有卓越的学习能力。

第六节　大脑潜能开发的关键在右脑

　　人脑中有约140亿个脑细胞，可储存10^{12}~10^{15}比特的信息量。思想每小时游走300多里，拥有超100兆的交错线路，平均每24小时能产生4000种思想，是世界上最精密、最灵敏的器官。

　　研究发现，脑中蕴藏着无数待开发的资源，而一般人对脑力的运用不到5%，剩余待开发的部分是脑力与潜能表现优秀与否的关键。

　　从"左右脑分工理论"我们可以知道，左脑司语言，也就是用语言来处理信息，把人所看到、听到、触到、嗅到及品尝到（左脑五感）的信息转换成语言来传达，相当费时。左脑主要控制着知识、判断、思考等，和显意识有密切的关系。

　　右脑控制着自律神经与宇宙波动共振等，和潜意识有关。右脑是将接收到的信息以图像处理，且瞬间即可处理完毕，因此能够把大量的信息一并处理（心算、速读等即为右脑处理信息的表现方式）。

一般情况下，右脑的机能受到左脑理性的控制与压抑，因此很难发挥既有的潜在本能。然而懂得活用右脑的人，听音就可以辨色，或者可在眼前浮现图像、闻到味道等。心理学家称这种情形为"共感"，这就是右脑的潜能。

如果让右脑大量记忆，右脑会对这些信息自动加工处理，并衍生出创造性的信息。也就是说，右脑具有自主性，能够发挥独自的想象力、思考力，把创意图像化，同时具有卓越的叙说故事的功能。

如果是左脑的话，无论你如何绞尽脑汁，它都有极限。但是右脑的记忆力只要和思考力一结合，就能够和不靠语言的前语言性纯粹思考、图像思考联结，神奇地引发出独创性的构想。

因此说，大脑潜能开发的关键在于右脑潜能的开发。

第三章

脑力开发训练系统

本章提要

◎ 激活大脑的简单运动

◎ 丹田呼吸训练

◎ 冥想训练

◎ 注意力训练

◎ 想象力训练

脑力开发训练系统的作用主要是激活大脑，使左右脑的状态最优化地协同工作，使左右脑得以自由地切换。我们知道，左右脑处理信息的方式不同，要更好地利用右脑的潜能，就必须把大脑的状态从左脑状态切换到右脑状态。

　　那什么是右脑状态呢？在日常生活中，我们常常会无意识地进入右脑状态。

　　例如，我们专注于某一事物时，会对周围的其他事物视而不见。又如，我们开着车在高速公路上飞驰的时候，我们会紧紧握着方向盘，完全靠直觉在一瞬间处理连续不断出现的空间信息。再如，当你回忆某一段记忆深刻的光景时，头脑会清晰地出现当时的画面、色彩、声音、气味等。这些都是右脑状态的反映。

　　从大脑开发的原理来说，左右脑状态的切换，就是要将脑电波调整到α波状态，打开右脑的图像思维功能。α波是连接意识和潜意识的桥梁，是有效进入潜意识的途径，它能够促进灵感的产生，加速信息收集，增强记忆力，是促进学习与思考的最佳脑波。当大脑中充满α波时，人的意识活动明显受到抑制，无法进行逻辑思维和推理活动，这是我们通常所指的潜意识状态，而此时大脑凭直觉、灵感、想象等方式接收和传递信息。也就是说，在α波状态下，人更容易进入右脑状态。

　　那么，怎样才能让大脑中充满α波呢？据研究表明，当人的身体处于极度放松时，大脑中就会产生α波。所以要实现左右脑状态的切换，必须经常进行放松训练。

此外，心像化也是右脑状态的重要标志。当大脑启动心像功能时，就会自动屏蔽左脑的某些干扰，左脑语言区就会进入休眠状态，从而进入图像思维的状态。而图像思维是右脑的主要思维方式，只有右脑对图像的产生、处理更加敏锐时，右脑的机能才能发挥特殊的功效。

由此可见，进入右脑的 α 波状态和开启右脑的图像思维是左右脑状态切换的两把重要的钥匙。根据右脑教育专家的经验，本章所讲述的内容有助于实现左右脑状态的切换。

第一节　激活大脑的简单运动

　　我们知道，在健身前我们都会做一些热身的活动，其目的是使肌肉、关节、心脏在运动前有一点准备，能更好地进入状态而不易受伤。因此要激活大脑的强大潜能，也可以做一些准备运动。爱因斯坦说："脑像一块肌肉，可以经常锻炼，所需要的是经常练习。"下面为大家设计了几种肢体运动，它们能够简单有效地激活大脑两侧半球。我们知道，左右脑具有不同的功能，当我们运用右边的身体时，大脑左半球是活跃的；运用左边的身体时，大脑的右半球则活跃起来。因此下面的活动可以同时激活两侧脑半球，训练我们和谐地使用两个脑半球，坚持锻炼可以使大脑保持良好的记忆力，改善在学习和工作中的表现，有效地发挥创造性思维，让大脑更加敏捷灵活。

训练1　交叉运动

立正，双脚距离如肩宽；弯腰用右肘轻触膝盖，头部和胸部顺势转向左边。站直后，弯腰用左肘轻触膝盖，头部和胸部顺势转向右边。

动作如此交替5~10次为一个循环。

练习提示

交叉运动之所以能激活大脑潜能，是因为它刺激了主管接收和表达的两侧脑半球，促进了整合学习。专家认为，听着不同的音乐做交叉运动效果更好。

训练2　对称涂鸦

准备两支不同颜色的笔及若干张纸（初试者或小朋友可在大纸张上操作，纯熟后可在普通的小纸张上操作），然后以人中为中线，两手同时作业，尽量使颈部和眼睛放松，可任意画一些规则或不规则的图形、有意思或没意思的图形、实物或抽象的图形，注意两边要尽量对称。在画图的过程中，留意哪只手在带领，哪只手在跟随。

练习提示

对称涂鸦是同时牵涉两侧脑半球的绘图活动，在中场进行，以建立与身体相对的空间感和方向感。当你发展出分辨左右的意识时，在画与写的过程中，会体验到自己位于中心，而各种动作的移远、移近、移上、移下，都是相对于这个中心而言的。开始练习时可以引导自己以双手执笔同时画方形，边画边说：往外、往上、往内和往下。当双手可以同时移动，轻易地做对称动作时，就可以自由地发挥了。

训练3　"脑开关"

所谓"脑开关"是指锁骨以下、胸骨两边的软组织。

"脑开关"的训练方法，是一手轻按着肚脐，另一只手深揉"脑开关"的位置。具体如下：

典型动作：坐或站，一手轻按肚脐，另一手深揉锁骨以下3~5厘米（视操作者高度）胸骨两侧的软组织（不在骨上），20~50秒后，双手互换位置，再深揉20~30秒。

注意，开始按时，可能感到酸痛，痛感会在数天到一星期内消退，之后只需轻按这两个位置，就能激活两侧脑半球（换手做此动作对于激活两侧脑半球也有帮助）。

变化动作1：不按肚脐，而是深揉肚脐两侧，其他动作顺序不变。

变化动作2：做典型动作的同时，眼睛不断左右来回地水平扫视。

练习提示

　　"脑开关"的位置在颈动脉的浅表部，可以刺激颈动脉供应新鲜含氧的血液给脑部。人脑虽然仅占全身重量的1/50，却消耗全身氧气的1/5。手按肚脐，能重新确立身体的重心，又能调节进出内耳半规管（内耳的平衡中心）的刺激。应用肌动学认为，"读写困难"及相关的学习困难，与脑部错误理解方向信息有关，而视觉障碍是原因之一。"脑开关"能建立视觉技巧的运动觉基础，使人跨越身体中线的能力大有进步。

第二节 丹田呼吸训练

　　丹田呼吸也就是我们常说的腹式呼吸。丹田呼吸法的"丹田"是东方医学的用语，指肚脐的周围，一般还分为上丹田、中丹田、下丹田三部分。在"丹田呼吸法"中的丹田主要指下丹田，即在肚脐下方约8厘米的部位。

　　大家都知道，大脑在放松的时候要比紧张的时候更能集中注意力。研究表明，丹田呼吸可以开发脑力，通过能够抑制交感神经系统的活动，降低其敏感性。此外，它还能使副交感神经活跃起来，提高放松的程度。一旦身体放松下来，记忆力就会提高；身体机能变得协调，大脑的能力易于发挥；毛细血管得以扩张，血压下降，心率也会降低。养成丹田呼吸的习惯，有助于我们自主地控制精神状态。那些总感觉难以控制自己意识的人大多是呼吸很浅的人。所以，遇到任何情况都不要着急，放松下来进行丹田呼吸，就能让自己恢复平静。请大家务必将丹田呼吸变成日常生活中的一个习惯。

反复进行丹田呼吸就能进入潜意识的世界，从而获得超越常人的能力。据说，进行丹田呼吸，不仅能通过眼睛、耳朵获取信息，而且能够全部看到、听到。这意味着从眼睛、耳朵等左脑的五感世界开始，进入不需要眼睛、耳朵的右脑感觉世界，开始通过波动获取信息。

丹田呼吸是比普通呼吸更深的深呼吸，它是一种有意识的呼吸。在《佛说大安般守意经》里记载了释迦牟尼关于丹田呼吸法的叙述。释迦牟尼在这部经中提到，要清醒地知道呼气就是呼气，吸气就是吸气，意思就是，只有进行有意识的呼吸，才能集中精神。

也就是说，丹田呼吸可以改变大脑的机能，因为在进行丹田呼吸时，脑电波会发生变化。人们在进行普通的呼吸时，脑电波处于 β 波的状态，而在进行丹田呼吸时，因为要求放松精神和集中意念，α 波出现，这时心定神闲，是一种不紧张、平常心的状态。

再进一步深入进行丹田呼吸，这时 α 波就会转变为更深状态的 θ 波，使人进入到深层的无意识的世界中。丹田呼吸法是使意识更加清晰、让思维能力保持更高水平的方法。

丹田呼吸不仅有利于身心健康，还可以增加大脑氧气和能量的供给，促进大脑全力以赴地思考、记忆以及其他潜能的开发。

保加利亚的罗扎诺夫博士在20世纪60年代创编了《超级学习法》。他在研究报告中说，保加利亚学生在他的指导下，运用超级学习法学习法语，每天可以学习1000~1200个单词，而且记忆率高达96.1%。这种方法的法宝之一，就是训练学生在听课时进行缓慢均匀、深沉绵长的丹田呼吸。因此，可以说离开了呼吸法的辅助，超级学习法的神奇效果是很难实现的。

一、丹田呼吸的要点

（一）端坐椅上，背伸直，收腭，闭目。

（二）放松全身肌肉，调整至舒服的坐姿。

正确的坐姿

坐在椅子靠后的位置。脚后跟紧贴地面。两膝放松，略微张开。不要驼背，挺胸抬头，骨盆挺出。背部不要向后靠，挺直上半身，要感觉好像有根绳子把头往天花板的方向向上牵引一样。头部略向前倾。两手掌心朝上，轻轻平放在大腿上。

（三）应采用细、长、静的深呼吸方式，切忌采用发出声响的急促呼吸方式。嘴自然合拢，两颊和嘴唇放松，从鼻吸气、吐气。呼吸的速度是：大人吸气用4秒钟左右，吐气用时为吸气用时的2倍；肺活量小的人（如小学生等）吸气用2~4秒，吐气用4~8秒。

正确的呼吸方法

轻松地吸气，同时用力耸肩。缓慢地呼气，同时放平双肩。反复练习这个动作，直到感觉疲劳为止。耸起肩膀后不要猛然下坠，而要慢慢地放下。反复练习，直到没有力气再耸肩为止。肩膀没有力气后轻闭双眼，开始舒缓地进行深呼吸。

首先请收腹，然后舒缓地呼出细而长的气息。

屏住呼吸。接着舒缓地吸气，使腹部鼓起。

吸气2秒则呼气4秒，吸气4秒则呼气8秒，缓缓地进行丹田呼吸。

放松地呼吸，直到情绪完全平静为止。

如果你始终不得要领，无法进行丹田呼吸，可以试着躺下来。只要躺下来，多数人都可以进行丹田呼吸。丹田呼吸很容易掌握，就是在收腹的时候呼气，在鼓起腹部的时候吸气。

与平常的呼吸相比，你会感觉丹田呼吸相当慢，不过多做几次，习惯也就成自然了。普通人1分钟的呼吸次数平均约是17次，而使用丹田呼吸会少4~5次，但这会使自律神经活性化，身心安定。

（四）吐气后须想着下丹田残留有所吸空气的30%左右。重要的是要常常想到所吸入的空气大部分已吐出，而腹中正在吸入新鲜的空气。

还有重要的一点是，一定要学会用无意识的状态做到这些。因为如果在呼吸的基础上加入了神经意识的话，集中力的门扉就不能开启。

二、丹田呼吸训练

日本著名的国际右脑开发专家七田真博士在其著作《七田式超右脑训练法》中介绍了几种简单有效的丹田呼吸法，下面我们就跟着七田真博士来一一学习训练丹田呼吸。

训练1

闭上眼睛，静心——

现在开始进行丹田呼吸。

首先，用8秒钟时间缓缓地呼气。同时想象将身体的不适、心中的不愉快全部呼出去。

吸气，让朝阳的能量从第三只眼睛（印堂）进入，想象能量充满全身。

停下来，将朝阳的能量变成一团收入丹田，充满自信地进行想象，使能量完全落入丹田。

呼气——，随着呼气让身体的不适感消失。

吸气——，全身充满朝阳的能量。

此时脑电波为α波，呈现最佳状态。

现在停下来，让能量落入丹田，将朝阳的能量变成一团收入丹田。

呼气——，将迷茫、恐慌、不安这些不好的东西全部吐出去。

吸气——，吸入朝阳的能量，让阳光进入，充满自信。

停下来。想象丹田处有一团光。

呼气——，让体内的不适感消失，实现心之所想。

吸气——，让不安、恐慌、紧张感消失，让大脑进入最佳的状态。

停下来。接下来排除杂念，再继续做20次丹田呼吸。

稍后，让我们恢复到原来的意识。在回到原有意识（清醒）时，总是按照这个诱导暗示清醒过来。

我从10数到0，就像完全熟睡后醒来那样，清醒、心情舒畅。

10，9，8，意识一下子回来。

7，6，5，恢复体力。

4，3，2，看，恢复了。

1，0，完全清醒，心情舒畅了。

屈伸手脚，让我们轻轻地睁开眼睛。

接着让我们学习比放松更深一层次的丹田呼吸法。

请将训练2、训练3、训练4的文字制作成音频，再播放录音——根据指示进行深呼吸。

训练2

慢慢地呼气，一边呼气一边想象自己全身无力。

将意识集中于印堂处。

集中意识，消除体内的紧张感。

让我们放松，从头顶开始向下一步一步地扩展开。

从额头开始放松，扩展到面部肌肉、头、肩膀、腕部、手指尖、胸部，再到腰部、两腿、脚尖乃至全身。

瞧，非常轻松惬意了。

将注意力集中到我的声音上，全身开始感觉到慢慢变得沉重。

首先，感觉到眼皮沉重，眼皮好重。

眼皮好重呀。头部也感觉到沉重，头部向前下垂。让我们的头部完全下垂。现在是一种非常放松的好心情。

从肩膀到胳膊感觉到沉重，两只胳膊开始无力地下垂到身体两侧。

感觉到双脚非常沉重，浑身乏力。

全身无力，如同散架。

将注意力集中到我的声音上，就像听见音乐一样心情变得平静。意识从身体中脱离，如同飘在云端。

身体没有力气。

身体更加沉重，精疲力竭。

你降到很深、很深层的潜意识的谷底，从未有过地安静睡去。心情舒畅。

心情非常地平静，安静地睡觉，眼睛紧紧地闭着。

眼皮变得更加沉重，全身完全地放松。

肌肉的紧张感消失了，精神的紧张感也消失了。

你变得更加放松，一听到我的声音，你就更加深深地、深深地睡去。

为了进入更深层的意识，让我们换一种叫崭新法的呼吸方式，消除身体各部位的紧张感，进入更深层意识的训练吧。

训练3

将意识放在你的脚尖处。想象从脚尖开始完全放松。

放松你所有脚趾的紧张感，脚趾感到沉重。

那种放松渐渐向上扩展到脚踝、腿肚子、膝盖。

感觉到那种轻松从你的大腿扩展到臀部、腰、胸部。

你的呼气加深，变得更加轻松，你感到彻底放松。

感觉到那种轻松扩展到你的肩膀，从那里又到胳膊、小臂、手腕、手背、手掌、手指尖。

从那里开始返回来，放松，从手掌、手背、手腕、小臂、胳膊、肩膀，进一步地放松。

然后扩展到你的头部、面部、下颌、面颊、眼睛，全都感到轻松。

眼睛松弛下来，眼皮松弛下来，你的眼皮现在开始非常沉重。

感觉到从眼睛开始松弛下来，并进一步延伸，从眉毛到额头、头顶、头的后部。

好的，慢慢吸气。吸气的同时吸入宇宙的能量，想象它充满你的身体。

宇宙的能量随着你的深呼吸使你的心情平静、放松。

你的每一次吸气都让你感到越来越放松。

加强呼吸法的训练进行到这里，就能看见光球。

能看见光球，就意味着松果体清醒。松果体位于大脑的中枢，是控制脑力的管理塔。下面让我们进行让松果体清醒的训练。

训练4

背靠椅子坐着，闭上眼睛，放松整个身体，放松从头顶到脚尖的肌肉。

有意识地呼吸，深深地吸气使腹部凸起。

好的，停止吸气。

深深地呼气。

再一次深深地吸气。好的，停止。呼气。

再一次深深地吸气，使腹部凸起。停止。

将腹部的气缓缓地通过口部呼出。

再一次深深地吸气，然后回到普通的呼吸。

我说"好的"，你就攥紧手，全身绷紧。

好的，松开，全身放松。

再来一次，迅速放松，全身松弛下来，没有一丝力气。

再一次绷紧，接着迅速放松。

然后就好像进入了深层的想象世界，解除从头顶到脚尖肌肉的紧张感。

首先，将意识集中到头顶，呼气的同时想象着放松，好的，呼气。

好的，继续想象放松额头、眼睛的周围、眼睛里面的肌肉。

好的，放松。

接着是放松鬓角、鼻子、鼻子的里面。想象配合呼气，放松。

这一次放松从下颌开始到面颊。好的，放松。

然后是放松口部周围、口腔内部、嗓子。好的，无力，迅速放松。放松整个头部，让头部意识模糊，感觉朦胧而舒适。

接下来我们迅速地从头部放松到肩膀。放松肩部，肩膀变得松弛，好的，松弛，放松。

胳膊变得松弛、无力、沉重。

让我们想象放松胳膊是从肩膀的关节处开始，肘部、指尖的肌肉变得柔软，然后柔软开始扩展。

瞧，两条胳膊完全放松，越来越放松。

感觉胳膊无力，变得沉重，胳膊好沉。

越来越没有力了，胳膊沉重。

瞧，再放松一步，胳膊越来越沉重了。

接着泄去从胸部到腹部的力气，好的，泄气，放松。

接着是从腰部开始到膝盖泄掉力气，一直泄到脚尖。瞧呀，泄掉了。

越来越无力，全身越来越沉重。

泄掉全身的力气，呼吸在不知不觉间变得平稳。身体和心脏也更加放松下来，缓缓地进行呼吸。

我从1开始数到5。当我数到5时，你就一下子想要睡觉。就像要做梦一样变得能看到任何影像。

1——，2——，困了。渐渐想睡觉。

3——，瞧呀，慢慢地想睡了。

4——，你的潜意识之门已经打开，能够清楚地听到我的声音。

5——，瞧，一下子想睡觉了。很轻易地就能看见想象的东西了。

来吧，让我们以舒畅的心情想象自己在旭日东升的蔚蓝海面上眺望的情景。

就像做梦一样能看见影像。

瞧，圆圆的太阳闪着金光，照耀在美丽的海面上，你可以看见蔚蓝的海面。

太阳照耀着，和煦的阳光照在你身上。

印入眼帘的阳光让你感觉有些晃眼。

晃眼的阳光让你几乎看不见大海了，满眼全是光。

你开始习惯了晃眼的光芒。瞧呀，一旦习惯，就能看见柔和的阳光在海面扩展，真是一个令人心情舒畅的清晨。

你现在正坐在海边的沙滩上，可以看见眼前宽广的蓝色海洋。

能看见白色的海鸥正在飞翔（能看见就请点点头）。

能听见海鸥的鸣叫。

能听见波涛来回拍打海岸的声音，闻到大海的味道。

你的手里握着沙子，手上能感觉到沙子的粗涩。

来啊，让我们在这里凝视光芒四射的朝阳。

你能看见太阳光变成金色的球，让我们凝视这个光球。

现在请清醒过来吧。

我从10数到0，你将以舒畅的心情清醒。

10，9，8，变得轻松。

7，6，5，意识渐渐清晰。

4，3，2，能感觉到亮光，体力开始恢复。

1，0，心情舒畅，开始清醒。

进行这个训练后，激发了自己多少的想象力？参照下表检测一下想象力吧。

想象力检测一览表

1. 能够清晰地看到多少太阳光？

　①几乎看不见（0分）

　②模模糊糊（1分）

　③有点清晰（2分）

　④能非常清晰地看见（3分）

2. 能看到日出之际蔚蓝海面的全部色彩吗？

　　① 几乎看不见（0分）

　　② 稍微能看见点颜色（1分）

　　③ 能看见部分色彩（2分）

　　④ 能非常清晰地看到（3分）

3. 能听见波涛和风的声音吗？

　　① 完全听不见（0分）

　　② 觉得似乎能听见（1分）

　　③ 能听见一点（2分）

　　④ 能非常清晰地听见（3分）

4. 能闻到海水的味道吗？

　　① 完全没有闻到海水的味道（0分）

　　② 似乎能闻到海水的味道（1分）

　　③ 闻到一点海水的味道（2分）

　　④ 非常清楚地闻到了海水的味道（3分）

5. 用手握住沙子的感觉如何？

　　① 完全没有任何感觉（0分）

　　② 觉得稍微接触到了沙子（1分）

　　③ 的确接触到了沙子（2分）

　　④ 清楚地感觉到握住了沙子（3分）

6. 你的身体状态有什么变化？

　　① 感觉变轻了（0分）

　　② 几乎没有改变（1分）

　　③ 感觉变沉了（2分）

　　④ 变得非常沉（3分）

7. 你的心情有什么变化？

　　①还稍留有一点紧张（0分）

　　②几乎没有改变（1分）

　　③心情稍稍平静了（2分）

　　④非常平静舒畅（3分）

　　训练后，用这个表检测一下想象力，就可以了解自己的进步情况。

　　进行丹田呼吸训练能使想象的画面更清晰，想象变成现实的可能性就会提高。

第三节 冥想训练

冥想就是停止知性和理性的大脑皮质作用，而使自律神经呈现活跃状态。简单地说就是停止意识对外的一切活动，从而达到"忘我之境"的一种心灵自律行为。

冥想是采取某些身体姿势，并调节呼吸，通过获得深度的宁静状态而增强自我知识和良好状态的一种改变意识的形式。冥想是有意识地把注意力集中在某一点或某个想法上，在长时间的反复练习下，使大脑进入更高的意识状态（类似禅的"入定"），最终达到天人合一的境界。

冥想是在意识清醒的状态下，让潜意识活动更加敏锐与活跃，从而达到与宇宙意识波动相连接。冥想就是调整自己与宇宙波动的一个方式。一些大脑神经系统专家利用复杂的成像技术做测试，得出这样的结论：在深度冥想中，大脑如同身体一样会经历微妙的变化，也就是说，冥想可以训练头脑，重新改造大脑结构；可以在大脑面对消沉、过度兴奋等精神层面的问题时，帮助大脑重建平衡——每天进行冥想可以使得大脑皮层里负责决策、注意力以及记忆力的部分增厚。

科学实验证明，当你进入冥想状态时，大脑的活动会出现α脑波，此时支配知性与理性思考的脑部新皮质作用就会受到抑制，而支配动物性本能和自我意志且无法加以控制的自律神经，以及负责调整荷尔蒙的脑干与脑丘下部，都会变得活性化。

冥想可以让我们的左脑平静下来，让意识听听右脑的声音，这样我们的脑波就会自然地转成α波。当脑波呈现为α波时（特别是中间段的α波），想象力、创造力与灵感便会源源不断地涌出，此外对于事物的判断力、理解力都会大幅提升，同时身心会产生安定、愉快、心旷神怡的感觉。

冥想原本是宗教活动中的一种修心行为，如禅修、瑜伽、气功等，现今已广泛地被运用在许多心灵活动的课程中。以研究超导体而获得诺贝尔物理学奖的英国物理学家布莱恩·约瑟夫森，也是一个有着通过冥想收取心灵信息习惯的人，他曾说过："以冥想开启直觉，可获得发明的启示。"

冥想训练，在国外追求生活品质的高素质人群中已经非常普及。我国几千年来的文化传承中对放松冥想也非常地推崇与重视。佛家讲的"定能生慧"就是其中的代表。

现代科学研究表明，持续不断的冥想训练对我们的身心具有不可估量的好处。

坚持冥想训练，可以改善我们大脑的质量，消除焦虑、烦躁不安、坐不住的现象，让我们变得稳重而踏实，在学习、工作中变得更专注、更平和，并且精力更充沛，头脑更清醒。

训练1　物体冥想训练

1. 随便拿件东西，如书或笔，凝视手里的物品，仔细、反复地观察它的形状、颜色、纹理脉络，感受它的表面质地是光滑还是粗糙，是否有气味。

2. 闭上眼睛，回忆和回味手里这件物品给自己留下了哪些印象，越具体、仔细越好。

3. 放松全身肌肉，抛开杂念，集中精神，想象自己和这件物品的关联：是不是曾经有过什么故事？谁赠送的？为什么会得到这件物品？开心吗？

4. 想象回忆完毕，开始工作或学习，自己的心理状态很轻松，精神状态很饱满，如果有些不开心或不顺利的事情，都会随着深呼吸而远去。

5. 睁开眼睛，会感觉自己的头脑轻松又清爽。随后，按着上一步想象的样子，去工作，去学习，去感受，这时烦乱的心绪就平静了很多。

训练2 太阳冥想训练

1. 早上面对日出的方向站立，两手在眼前重叠。

2. 拇指与食指围成圈圈，以手掌对着太阳遮光。

3. 从指圈间直视太阳。然后马上闭上眼睛，把进入眼睛的光想象成流进肚脐的图像（眼睛一闭上，手就要合起来挡住光）。

4. 想象从眼睛进来的光，顺着喉咙、肩膀、胸部、腹部、肚脐以下布满全身的图像。同时想象手掌的温暖流入肚脐以下的图像。

5. 等到光到达肚脐以下时，想象光从肚脐以下散发到全身的图像与"全身发光"的图像。

6. 全身发光的图像完成之后，用手掌依序抚摸脸、胸、腹、肚脐下，然后伸出双手互搓。

太阳冥想训练一定要在早晨做才会有效，9点以前最为理想。从季节上来讲，晚秋到早春直视太阳应该没有什么问题。

直视的时间，刚开始约1秒钟，等到习惯以后可以渐渐地增加到7秒钟。

晚春到初秋阳光会比较强烈，可以先闭上眼睛，然后再稍微睁开眼睛，瞄一眼就马上再闭上，并且重复进行这样的动作。

第四节　注意力训练

注意是指人的心理活动对外界一定事物的指向和集中。具有注意的能力称为注意力。

注意从始至终贯穿于整个心理过程，只有先注意到一定事物，才可能进一步去记忆和思考等。

注意力是智力的5个基本因素之一，是记忆力、观察力、想象力、思维力的准备状态，所以注意力被人们称为"心灵的门户"。

俄国教育家乌申斯基指出："'注意'是我们心灵的唯一门户，意识中的一切，必然都要经过它才能进来。"

由于注意，人们才能集中精力去清晰地感知一定的事物，深入地思考一定的问题，而不被其他事物所干扰；没有注意，人们的各种智力活动，如观察、记忆、想象和思维等将因得不到一定的支持而失去控制。

一般来说，注意力不集中会表现出：

1. 容易分心：不能专心做一件事，做事常有始无终。

2. 学习困难：上课不专心听讲，易走神，学习成绩不稳定，健忘、厌学，作业、考试中经常因马虎大意而出错。

3. 活动过多：在任何场合下都无法安静，手脚不停或不断插嘴、干扰别人的活动，平时走路急促，经常无目的地乱闯乱跑，不听劝阻。

4. 冲动任性：情绪不稳定，易变化，常常不经思考就得出结论，行为不顾后果。

5. 自控力差：不遵守规章秩序，做事乱无章法，随随便便，一切听之任之，不能与别人很好地合作，容易与他人发生冲突。

在人们的生活、学习和工作过程中，注意力起着非常重要的作用。有位专家说："注意力是学习的窗口，没有它，知识的阳光就照射不进来。"对学生的学习来说，注意力的好坏也是至关重要的。有经验的教师在总结教学经验时，都知道学生学习成绩不理想可能与注意力不稳定、不集中或分配不合理有关。有人做过这样的实验：被试者在注意力高度集中时背课文，只需要读9遍就能达到背诵的程度，而同样的课文，在注意力涣散时，竟然读了100遍才能记住。可见，注意力与人的学习效率和工作效率有着非常密切的关系。因此有的专家说："哪里有注意，哪里才会有思考和记忆。"注意力是认识和智力活动的门户。

实验和教学实践表明，学习成绩好的学生与学习成绩差的学生之间明显的差别之一就是注意力的集中与否。学习成绩好的学生，能集中注意力听讲、阅读，独立思考问题，认真做作业。他们在学习时很少受外界干扰。

注意力是否集中并不是先天遗传的，而是靠后天的学习、培养和训练得来的。有些人经过培养训练，注意力和注意品质得到很好的提高，所以要想提高注意力、培养良好的注意品质就应该进行有意识的训练，而且更多的还是自我训练。下面我们介绍几种注意力的自我训练法。

训练1　舒尔特方格法

舒尔特方格是指在一张方形卡片上画上1厘米×1厘米的25个方格，每个格子内不重复地填写上阿拉伯数字1~25中的任意一个数字。训练时，要求被测者用手指按1~25的顺序依次指出其位置，同时朗读出声。舒尔特方格可以用来测量注意力的稳定性，如果用这套图表坚持天天练习一遍，注意力水平就能得到大幅度提高。

为了提高注意力，可以选择不同难度和类型的"舒尔特表"逐级训练。

如果没有现成的"舒尔特表"，也可以自己制作

"舒尔特表"。很简单，在一张有25个小方格的表中，将1~25的数字打乱顺序，填写在里面（如下表）。

舒尔特表

8	12	7	22	20
6	15	17	3	18
13	4	21	25	19
23	2	1	10	5
9	14	11	24	16

然后以最快的速度从1数到25，要边读边指出，同时计时。读完所有数字所用的时间越短，注意力水平越高。当训练成绩连续5天都无法继续提升时，请调高级别。研究表明：7~8岁的儿童按顺序找出每张图表上的数字所用的时间是30~50秒，平均40~42秒；正常成年人看一张图表的时间是25~30秒，有些人可以缩短到十几秒。你可以自己多制作几张这样的训练表，每天训练一遍，相信你的注意力水平一定会逐步提高！

"舒尔特表"还可以用来进行注意力测评。测评时请在初级状态进行，评判标准：以7~12岁年龄组为例，能达到26秒以内为优秀，学习成绩应是名列前茅；42秒以内属于中等水平，班级排名常处于中游或偏下；50秒则问题较大，考试常会出现不及格现象。成年人最好可达到8秒的水平，25秒则为中等水平。

训练2　表象训练法

表象训练法被当代一些运动心理学家视为心理技能训练的核心。表象训练法就是指主动地在头脑中想象出各种具体情景或者自己的各种表现的一种心理训练方法。表象训练法除了可以训练注意力外，还可以提高学习成绩。

下面的"木块练习"就是常用的训练注意力的表象训练方法。具体做法如下：

想象有一块四周被涂上红油漆的木块，类似于小孩子玩的积木，有6个面。

1. 用刀将它横切一刀，一分为二，想一想，这时木块有几个红面？几个木面？

2. 再用刀纵切，木块二分为四，这时又有几个红面？几个木面？

3. 再在右边的两块木块中间纵切一刀，四分为六，这时又有几个红面？几个木面？

4. 再在左边的两块木块中间纵切一刀，六分为八，这时又有几个红面？几个木面？

5. 再在上面的四块木块中间横切一刀，八分为十二，这时又有几个红面？几个木面？

6. 再在下部的四块木块中间横切一刀，十二分为十六，这时又有几个红面？几个木面？

值得注意的是，做这种练习时不要用数学推算的方法计算答案，而只能凭表象来操作。训练时请记录从提出问题结束至做出正确回答的时间，以此作为训练成绩。

训练3 抗干扰辨音训练法

这种方法既能训练注意力的集中性，还有助于消除疲劳，增强听力。

其方法是：打开音源，把音量慢慢调到刚好能听清的程度为止。微弱的声音会迫使自己尽力集中注意力来听清楚，这样便能使自己的注意力的集中性得到训练。

这个训练的时间应控制在10分钟左右，时间太长易导致疲劳。

也可以用钟声来做练习。这个训练最好在睡觉之前做，并要求训练者用正确放松的坐姿或仰卧的睡姿，平心静气地聆听闹钟的嘀嗒声。开始听时，会感到闹钟声既轻且远；经过一段时间的训练后，就会觉得钟声变响了、变近了；如果练到能感觉到钟声是从周围墙壁和门窗上反弹回来的时候，就表明训练者的注意力已经集中到非常惊人的地步了。

坚持这种训练，可以增强闹中取静的能力，使注意力集中的水平大大提高，就可以不怕外界干扰，集中注意力去学习。

第五节　想象力训练

关于想象力，一些科学家、艺术家等大师级人物多有论述，妙语连珠。英国数学家布罗诺夫斯基说："所有伟大的科学家都自由地运用他们的想象，并且听凭他们的想象得出一些狂妄的结论，而不叫喊'停止前进'"。日本发明大王中松义郎说："独创工作要求良好的想象力。"拿破仑说："想象力统治世界。"

想象力是在头脑中对已有感性材料和知识进行加工改造、创造新形象的能力。借助想象推断类似事物，可以认识到从未见过又不可能见到的事物，发展创造力。人类的创造性劳动是从想象开始的。它和别的心理过程一样，也是反映客观现实的一种形式。

据国外心理学研究表明，人的大脑有4个功能部位：感受区、贮存区、判断区和想象区。一般人经常使用的是前三个区，想象区的功能则发挥得很不够，有待开发的潜力尚有75%。

在20世纪以前，人们大都只重视知识而轻视想象力，认为知识是实实在在的东西，想象力则是虚无缥缈且没有用的东西，这种看法严重地低估了想象力的作用。

20世纪以后，经过爱因斯坦等著名科学家对于想象力的深刻阐述和大力宣传，人们才逐步认识和肯定了想象力是一种重要的思维能力这一观点。

想象力在思维活动中主要表现为联想能力、设想能力、组合能力、空间识别能力和虚拟能力。

想象力的训练是右脑训练的主要形式，是一种头脑空间的拓展训练，目的是让我们的头脑能够完成更加复杂的任务。想象力训练也是对头脑反应速度的训练。

因此，在想象力训练之前应完成以下几个准备步骤。

1. 调姿：端坐在凳子上，头伸直，松肩垂肘，口眼轻闭，两手分别放在大腿上，腰部自然伸直，腹部松软，两脚平放触地，两下肢外侧相距与肩同宽。全身放松，这样不仅有利于解除紧张，也是与潜意识相联系的第一步。这种放松使头脑保持敏捷、活跃，同时便于高度集中注意力。

2. 调息：呼吸可使人的身体和大脑充满活力。如果进行有规律的呼吸，大脑就会自动地机敏起来，调整为进入想象的准备状态。调息的步骤如下：首先，双目微合；其次，进行丹田呼吸，在吸进和呼出之间屏气几秒钟，可使大脑活动集中在某种思想或概念上。

3. 调心：闭上眼，去掉一切杂念，让大脑处于一片空白的状态之中。人的想象力是无穷无尽的，让我们尽情地放飞自己的思绪吧！

训练1　自由联想训练

1. 想象自己的身体轻柔如柳絮，被风轻轻吹起，宛若一片浮云飘来荡去……再将自己假想为正在被充气的气球，身体不断变大、变大、变大……大到能装下整个世界！随后再像泄了气的气球那样变小、变小、变小……直到完全消失。

2. 接着想象自己如铜塑铁铸般坚不可摧，从万仞高处向下跳，掉进了巨厚的海绵里，缓缓往下沉，往下沉……

3. 然后，联想自己放松时的画面：阳光暖暖地照在你的身上，海风吹拂着脸庞……好舒服！

由于每个人放松的方式不同，所联想的画面自然各不相同，不妨按照自己喜欢的方式自由联想，让一切烦恼得以释怀，彻底放松。

训练2　形象联想训练

形象联想训练的目的是要把看到的文字转换成对应图像，并针对这一图像进行如下6个环节的训练：物象鲜明、形象放大、形象缩小、形象变多、形象变少和形象变形。

我们以"橘子"为例把这6个环节综合起来进行训练，好，开始!

1. 在大脑中浮想一个橘子的形象，想一想它的颜色、大小以及气味。

2. 接着想象橘子在变大，而且越来越大，大得像地球，直到充满整个宇宙。

3. 再将庞大的橘子缩小，越来越小，小得像足球、像乒乓球、像小米粒……直到变成一个点。

4. 再让橘子的数量逐渐增多，从1个到5个，10个，50个……多得数不清，直至无穷无尽地撒满天际。

5. 这时再把无数个橘子迅速减少，减少至50个、10个、5个……直到变成1个。

6. 最后，想象这个橘子的形象突然发生了变化，变得像鸭梨，或者像香蕉（像任何物体都可以，只要便于达到预期的记忆效果即可）。

熟能生巧，只要多想、多练，你就能很快掌握这种奇妙而有效的联想方法，并能运用自如。

训练3　形象联系训练

形象联系是指使两个毫不相干的形象之间产生人为的主观联系。例如：手机——电视机。

联想1：手机砸在了电视机上，结果手机坏了，电视机却安然无恙。

联想2：外星人的手机竟然比电视机还要大。

训练4　编故事联想训练

编故事联想就是把几个相干或互不相干的形象编成一个有趣生动的完整故事。例如将大象、斧头、水鸟、狮子、房间这5个词语转化为具体的图像，通过联想把它们串联成一个有情节的故事：

森林中有一只大象，它用长长的鼻子卷起一把斧头来回地甩着玩耍，一个不小心，斧头飞了出去，砍伤了在湖边觅食的水鸟，水鸟打不过大象，只好到森林之王狮子那里去告状，为了对大象进行惩罚，维护森林的和谐，狮子只好把大象关到房间了。

将下面的文字转换成图像，并把它们串联成有生动情节的故事。铅笔、弓箭、老虎、青蛙、山洞、兔子、汽车、发电机、水库、蝴蝶……

答案填写：

时间记录：＿＿＿＿＿

训练5　绘画想象训练

绘画是最易诱发右脑想象力的一种方法。因为绘画的过程就是一个形象思维的过程。从这个意义上看，绘画的目的不是画得"像不像"，而是所体现的思维是否更具想象力。所以在右脑开发中，要运用绘画的手段，就需要特别注意在绘画过程中是否充分地发挥创意的能力。

在美国，孩子学画画，老师往往不设样板、不定模式，让孩子在从现实生活到内心想象的延伸过程中自由构图。孩子虽然画得"一塌糊涂"，但老师十分高兴。画完之后，孩子只问老师"好不好"，而从来不问"像不像"。"好不好"和"像不像"只有一字之差，但"像不像"是指"复印"得如何，只是一个模仿的过程，而"好不好"是指创造得如何，是一个想象与创意的过程，这两者在培养孩子想象力上有很大差异。

那么如何通过绘画来训练孩子的想象力呢？专家们认为，利用图形引导想象作画是有效开发右脑想象力的训练方式。

图形对于孩子来说，可以代表多样的形象。比如一个圆，它可以是一个太阳、一块饼干，也可以是一个皮球，通过圆的组合，可以画出一束气球、一群小鸡、一只熊猫、一堆鹅卵石，所以利用图形引导孩子想象作画，能开启孩子的想象力。

首先，我们可以提供几个几何图形，如三角形、方形、圆形等。然后让孩子将这些图形进行联结、加减，这样几个有限的几何图形通过自由拼合就可以创造出许多的图案和形象来。比如，孩子们把方形和三角形联系起来，就会把它们想象成房子、树、笔、箭头等；把圆形和圆形联系起来，孩子们就会把它们想象成眼睛、哑铃、电话、汽车前灯，甚至是举重用的杠铃等。

题1　利用下列两个圆、两条直线、两个三角形进行有意义的组合，你能组合出多少图案？

说明：所有圆、直线和三角形的大小比例可任意改变，但基本形状不能改变。画出后可稍加整合加工。

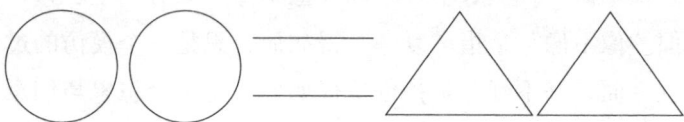

参考答案如下：

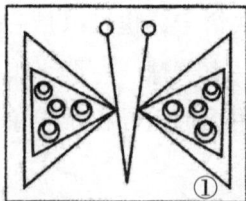

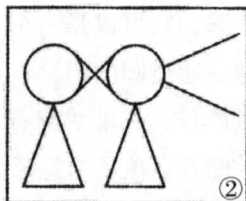

③

④

⑤

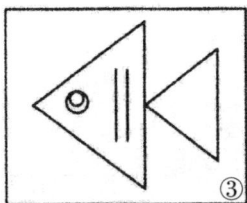

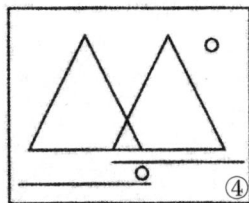

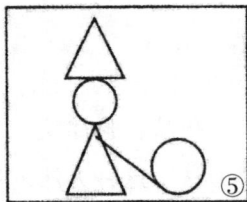

①彩蝶飞舞	②放映机
③小金鱼	④二泉映月
⑤滚铁环	

你还有其他的新创意吗？请画出来！

答案填写：

时间记录：＿＿＿＿＿＿＿＿

题2　利用下列图形进行组合，你能组合出多少种有意义的图案？（所有图形可自由放大或缩小）

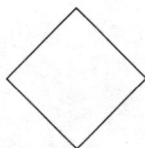

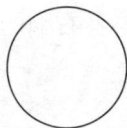

答案填写：

时间记录：＿＿＿＿＿＿

训练6　CMT训练

这是由自律法的世界性权威W·鲁特在自律法、坐禅法、瑜伽法的基础上创立的一种方法。这种方法的生理机制是创造一种条件，利用色彩激发右脑的功能，进而使侧重于形象思维、非逻辑思维和空间处理的大脑右半球和负责语言、抽象思维的左半球获得功能上的平衡。其重点是要集中精神，大力激发右脑功能。

参与者可用画笔蘸上不同颜色的颜料，随意地、毫无目的地在纸上乱涂乱画。等乱涂乱画一阵子后，再静下心来观看自己的"作品"。这时要用海阔天空的联想和想象去观看、理解和分析自己的"作品"，有时就能在这个乱画或观赏的过程中激起新的构想。

乱涂乱画的过程，一方面可促进精力集中，另一方面可以使精神放松、情绪稳定。这其实是让左脑处于抑制状态而右脑处于活跃状态，激发了右脑的创意功能；观赏作品则进一步激发了参与者右脑的想象功能、联想功能，从而促进创造性的开发。

下编
超级记忆力训练系统

本编提要

◎ 绪　论

◎ 联想记忆法训练

◎ 数字编码记忆法训练

◎ 定位记忆法训练

◎ 思维导图训练

◎ 超级记忆法在运用中的重要技巧

◎ 超级记忆法的应用

　　事实证明，人与人之间在记忆方面的差异主要是由于处理记忆材料时的具体做法不同而引起的。研究也发现，所谓的记忆高手并不是天生的，他们的确都掌握了一些记忆的窍门或有效方法。所以，只要了解记忆的客观规律，学会一些将信息组织起来以利于记忆的科学策略和方法，再通过不断练习和实践，任何人都能提高记忆力。要想高效率地记忆材料，成为记忆高手，就必须掌握科学的记忆方法，这样才能使我们的生活、学习和工作事半功倍。

第一章

绪　论

本章提要

◎ 什么是记忆

◎ 记忆的重要性

◎ 记忆的种类

◎ 记忆的基本过程

◎ 记忆与遗忘规律

超级记忆力训练实际上是对记忆术的强化训练。

所谓记忆术，从本质上来讲就是记忆的工具，是人为地采用特殊的方式进行识记，以改善记忆效果的技巧和方法，如联想记忆法、定位记忆法等。事实证明，人与人之间在记忆方面的差异主要是由于处理记忆材料时的具体做法不同而引起的。研究也发现，所谓的记忆高手并不是天生的，他们的确都掌握了一些记忆的窍门或有效方法。所以，只要了解记忆的客观规律，学会一些将信息组织起来以利于记忆的科学策略和方法，再通过不断练习和实践，任何人都能提高记忆力。要想高效率地记忆材料，成为记忆高手，就必须掌握科学的记忆方法，这样才能使我们的生活、学习和工作事半功倍。

对科学记忆方法的研究，不仅对增强记忆能力有实践指导意义，而且对推广和促进心理学的应用研究、提升个体素质、更好地发挥人类潜能与智慧具有更深刻的理论意义与实践价值。此外，科学的记忆方法研究还可以为当前的教育实践提供心理学的依据和参考，对人力资源开发、促进个性化成才、智能开发与训练、促使个体更加和谐地融入社会以及人才培养与评估等实践领域也具有重要的启示作用和积极的现实意义。

那么，究竟什么是记忆？有哪些快速、高效、科学的记忆方法？记忆的过程与规律是怎样的？应怎样进行记忆训练与培养？这一系列问题都将在接下来的课程之中一一讲述。

第一节　什么是记忆

　　记忆是大家都熟悉的一种心理现象。我们每天之所以能很好地学习、工作和生活，就是因为有"记忆"这一功能。不仅感知过的事物能保持在头脑中，思考过的问题、理论，接触人或事物时体验过的情绪情感，练习过的动作等都能保持在头脑中，在事情经历过后，其印象并不完全消失，其中有一部分会作为经验在人脑中保持，以后在一定条件下可以重新恢复。这种在人脑中对过去经验的保留和恢复的过程就是记忆。

　　记忆是一种心理过程，汉语中的"记忆"一词简洁地表明了人们对过去经验的反映——总是先"记"而后"忆"。《辞海》对"记忆"一词是这样定义的：对经历过的事物能够记住，并能在以后再现（或回忆），或在它重新呈现时能再认识的过程。

　　心理学上将记忆定义为：个体对其经验的识记、保持以及再认或回忆。简言之，记忆就是过去经验在人脑中的反映。详细地说，记忆是人脑对感知过的、思考过的、体验过的、行动过的事物的反映。记忆是包括思维在内的智力活动的重要环节，是大脑的重要功能之一。

从生理学的观点来看，记忆是脑细胞和脑神经的机能；从传统心理学的观点来看，学习是从外界获得经验，记忆则是这种获得的经验在大脑中的保持；经典的生理心理学认为，学习是神经组织有关暂时联系的建立，而记忆就是这种暂时联系建立的痕迹的保持。随着近代信息论科学的发展，心理学家将信息这一概念引入到学习记忆理论：学习指的是神经系统内信息的获得与保持，记忆则是指储存于脑内的所有信息的总和。总之，只有将这种通过学习获得的经验在脑中进行储存，将经验进行积累，才能发展我们的知识。用现代信息加工（或信息处理）的观点来解释记忆，则可以把记忆看作是对输入信息的编码、储存，以后在一定条件下提取的过程。

人类生活离不开记忆。早在远古时代，人类的祖先就懂得"结绳而治"，即用结绳的方法来记忆事情。这说明人类的祖先在没有文字之前就已经开始对记忆进行探索。在国外，古希腊人把记忆看作文艺、科学之母，认为没有记忆就没有文艺和科学。中外的一些神话传说也表明，古人很早就关注记忆问题，因为记忆对人类来说实在是太重要了。

第二节 记忆的重要性

　　人类的生活离不开记忆。可以说，我们从事任何
一种活动，从简单到复杂，从低级到高级，从一个领域
到另一个领域，都要在记忆的基础上进行，都离不开记
忆，不管你是否意识到，记忆总是伴随着你。记忆是我
们学习、行动和生存的基础。如果没有了记忆，这个世
界的一切对我们来说都将是不可想象的；如果没有了记
忆，人便无法认识和思考。一个个体，如果丧失了个人
的记忆，也就在很大程度上丧失了"自我"；一个社
会，如果丧失了"社会的记忆"，社会也就无法进步和
发展了。

　　记忆是一切心理活动的基础。正是由于人具有记
忆力，才能进行感知，顺利地展开想象，积极地运用思
维；反之，如果人没有记忆，无论感知、想象还是思
维——这些心理活动都会受到阻碍。记忆在人的心理

活动中起着十分重要的作用。有了记忆，人们才能保持过去的反映，积累知识经验，从而形成各自的个性心理特征。人类心理的大部分功能在发挥其作用时都需要记忆系统的协调，从简单的行为、感知到复杂的思维、学习，都必须在记忆的基础上进行。记忆是使人的心理活动在时间上得以延续的根本保证，是经验积累和心理发展的前提。没有记忆，就不能累积知识和经验，不能形成概念，不能进行判断和推理，也就不能适应不断变化的环境。以学习为例，所学习的内容如果不能进入长时记忆系统，那么学习者就相当于什么也没有学习到。对一个个体来说，其知识的增长过程就是长时记忆系统中储存的信息量增加的过程。

记忆是人类学习知识的前提，知识是人类实践经验的产物，记忆是知识形成和发展的重要因素。没有记忆，任何学习都不可能进行。人的一切学习都离不开记忆，并且，记忆在学习中具有直接作用，也就是说，记忆是获得和巩固知识的必要条件。我们知道，新的知识必须建立在已有知识的基础之上，倘若没有牢固的知识基础，就难以理解并获得新知识。可见，不仅巩固旧知识需要记忆，获取新知识也非有记忆不可。学习心理学告诉我们，在学习过程中，人的全部认识活动（如感觉、知觉、记忆、思维）和意向活动（如注意、兴趣、动机、情感和意志）都必须积极启动，才能使学习收到理想的效果。在这些心理活动中，记忆是一切活动的基础。记忆更是人的重要心理品质之一，它参与到心理活动中来，使之成为完整、统一和发展的过程，并调动人的一切心理活动，让人以积极的状态来参与学习，记忆也就通过其他心理活动的媒介对学习发生了间接的作用。正因为记忆在学习中具有如此重要的作用，所以古今中外的学者莫不重视记忆。有了记忆，人才能把感知客观事物的印象和思考问题的成果保留下来，不断地获得知识经验；有了记忆，人才能扩大经验，把先后经验联系起来，对事物的认识逐步深入，并使其变成认识世界、改造世界的力量；有了记忆，人不但能识记直观的事物，获得直接经验，而且可以通过识记词汇、言语来获得间接经验，这就使人类知识文化的积累成为可能。

此外，记忆对于人类智慧的发展以及人类社会的进步都具有重要意义。可以说，一切智慧的根源均在于记忆。人们依靠记忆把过去经验保存在自己的头脑中，然后在经验恢复的基础上，进行思维和想象活动，这些思维和想象的结果又作为经验保存在头脑中，作为进一步思维和想象的基础。就这样，人的思维逐步深化、复杂化、抽象化，智力也逐步向更高的水平发展。

第三节 记忆的种类

　　记忆可以从不同角度进行分类。在控制论和信息论的影响下，一些心理学家用信息加工的理论来解释记忆，根据记忆信息保持时间的长短把记忆分为瞬时记忆、短时记忆和长时记忆三类。

　　瞬时记忆也叫感觉记忆，是指个体凭眼睛、耳朵、舌头、鼻子等感觉器官感应到刺激时所引起的记忆。当人们通过感觉器官获得某些信息后，这种信息不会立刻消失，而是会在神经系统内的相应部位保留1~2秒，然后才消失。瞬时记忆具有鲜明的形象性，信息保持的时间极短，图像记忆保持的时间为0.25~1秒，声像记忆虽超过1秒，但也不长于4秒，储存的容量由感觉器官的解剖生理特点决定，瞬时记忆容量较大。在瞬时记忆中登记的材料如果没有受到注意，就会很快消失；如果受到注意，就转入了短时记忆。

短时记忆是指信息一次呈现后，保持时间在1分钟之内的记忆，是信息从瞬时记忆通往长时记忆的一个中间环节或过渡阶段。如在生活中我们要打电话，则在电话号码簿上查到或通过询问得知要找的号码后，就能够马上拨出电话，这就是短时记忆在起作用。如果没有打通，隔了一段时间再拨，短时储存消失了，便需要重新查找。短时记忆最突出的特点就是其信息容量的有限性和相对固定性。虽然人们在记忆能力方面存在差异，但仅就短时记忆的容量来说，几乎所有的正常成人都约为7±2个组块［在短时记忆中，信息的单位不是物理单位，而是具有某种意义的刺激组合，在心理学上称为组块（chunk）］。组块是指人们最熟悉的认知单元，是人们通过对刺激的不断编码而形成的稳定的心理组合。对一个人来讲，不同长度的材料，组块数可能相同；而相同材料对不同的人构成的组块数也可能差异很大，这取决于人们对材料的熟悉度。例如，对我们而言，"心理学家"是1个组块，而对于不认识中文的人而言，就是4个组块。组块的概念使我们认识到，尽管短时记忆的容量有限，只有7±2个组块，但是组块的大小是可变的，学会将更多的项目组成一个有意义的组块可以大幅度地拓宽记忆广度，因此组块加工在短时记忆中具有极其重要的作用。短时记忆信息量可以通过组块得到扩充和提高，即组块具有扩容性。组块水平不同，或信息的编码方式不同，则相应组块包含的信息量也不相同。如果增加每个组块包含的信息量，则短时记忆能容纳的组块数也将随之减少，但这种降低是就组块数而言的，并不意味着信息量也在减少。就短时记忆保持的信息量来说，组块扩容性是肯定的。提高组块水平，优化组块方式是提高短时记忆水平的先决条件。此外，短时记忆中的信息我们是能够意识到的。如果没有复述，信息大约在1分钟之内消退；如果加以复述，短时记忆就会转入长时记忆。

从信息加工的观点来看，长时记忆是相对于瞬时记忆和短时记忆而言的，是指信息经过一定深度的加工和精细复述之后，在头脑中长久保持的记忆。它的保存时间从1分钟以上到数日、数周、数年甚至终生。其记忆容量没有限度，信息的来源大部分是对短时记忆内容的加工，也有由于印象深刻而一次获得的。

需要指出的是，这三种记忆之间是相互联系、相互影响的，任何信息都必须经过瞬时记忆和短时记忆才可能转入长时记忆，没有瞬时记忆的登记、短时记忆的加工，信息就不可能长时间储存在头脑中。

第四节　记忆的基本过程

记忆的基本过程由识记、保持、再现/回忆三个环节组成。从信息加工的角度看，这一基本过程是信息的输入（编码）、储存和提取。

一、识记：信息的编码过程

识记是记忆的开端，是记忆保持的必要前提。如果没有识记，记忆便无从谈起。根据主体有无明确的识记意图和目的，是否付出意志努力，可把识记分为无意识记和有意识记。

无意识记，又叫不随意识记，是指没有预定目的，也没有经过任何意志努力，不用任何方法的识记，带有很大的被动性、偶然性和片断性，所识记的内容带有随机性，因此，单凭无意识记无法使人获得系统的科学知识。

有意识记是指事先有预定目的，并经过一定意志努力的识记，又称随意识记。它具有主动性特点，适于完成系统性和针对性的识记任务，是学习活动主要依靠的识记类型。

　　心理学家曾做过这样的实验：让甲组被试识记系列图形，让乙组被试识记图形的前后顺序，然后让他们回忆图形的顺序。结果甲组正确率为43%，而乙组正确率则为80%，比甲组高出近1倍。这证明了在同等条件下，有意识记的效果比无意识记的效果更为显著。有意识记目的明确、任务具体、方法灵活，并伴随积极的思维活动和意志努力，因此它是一种主动而又自觉进行的识记活动。人们掌握系统的科学知识和技能主要靠有意识记，在学习、工作中，有意识记也占据主导地位。

　　根据要识记的材料本身有无意义，或学习者是否了解其意义，识记又可分为机械识记和意义识记。机械识记是指在不理解材料意义的情况下，采用多次机械重复的方法进行的识记。这种识记的效率相对较低，花费时间较多，而且容易遗忘，但准确性高、使用面广，仍是识记活动中不可缺少的种类，如记人名、地名、电话号码等。

　　意义识记是指在理解材料意义的基础上，依靠材料本身的内在联系进行的识记。这种识记和积极的思维活动密切联系，又往往运用已有的知识经验辅助记忆，因而提高了识记的效率和牢固性。

　　信息编码是记忆的第一个基本过程，它把来自感官的信息变成记忆系统能够接收和使用的形式，即信息的获取。在这一阶段，主体以各种方式加工要学习的信息，例如按照意义进行编码。一般说来，我们通过各种感觉器官获取的外界信息，首先要转换成各种不同的记忆代码，即形成客观物理刺激的心理表征。识记是对信息进行编码的过程，是人们获得和巩固个体经验的过程。它包括对外界信息进行反复感知、思考、体验和操作。新的信息必须与人的已有知识结构形成联系，并汇入旧的知识结构之中，才能获得和巩固。但是，某些情况下，当事物与人的需要、兴趣、情感密切联系时，即使只有一次经历，人们也能牢固地记住它。例如，学生接到高校录取通知书时的愉快心情，往往是终身难忘的。

二、保持：信息的储存过程

已经编码的信息必须在头脑中得到保存，在一定时间后才可能被提取。在这一阶段，编码阶段加工了的一些信息存贮于记忆系统之中。但信息的保存并不都是自动的，在大多数情况下，必须靠个人的主观努力才能将信息保存下来。即便如此，已储存的信息也还可能受到破坏，出现遗忘的情况。保持是识记的延续，是把感知过的事物、体验过的情感、做过的动作、思考过的问题等内容以一定形式存贮在头脑中的过程。保持是一个潜在的动态过程，随时间的推移以及后来经验的影响，在质和量上均会发生变化。在质方面的变化显示出以下特点：记忆的内容比原来识记的更简略和概括，主要内容和显著特征被保持，而一些不太重要的细节趋于消失；保持的内容比原识记的内容更详细、具体，更加完整和有意义；使原识记内容中的某些特点更突出、夸张或歪曲，变得更生动离奇、更具特色。在量方面的变化显示出两种倾向：一种是记忆回涨现象，即记忆的恢复现象，指学习某种材料后相隔一段时间所测量到的保持量，比学习后立即测量到的保持量要高；另一种是保持的数量随时间的推移而日趋减少，有一部分回忆不起来或回忆发生错误，这种现象就是遗忘。遗忘是记忆保持的对立面，保持的丧失就意味着遗忘的出现。保持在学习中的意义是很明显的，学习中如果只有识记，没有保持，我们就会随记随忘，结果什么知识也掌握不了。可见，保持是巩固知识的必要条件，保持得愈牢固、持久，我们的知识便会愈巩固、丰富。

三、再现：信息的提取过程

提取属于信息的输出过程。在这一阶段，存储在记忆系统中的一些信息将被提取出来。保存在记忆中的信息，只有被提取出来加以应用才有意义。再现正是从记忆库中提取信息的过程，是记忆过程的最后阶段，记忆能力的好坏是通过再现表现出来的。它有再认和回忆两种基本形式。

再认是指过去识记过的材料、经历过的事物再度呈现时，对其有熟悉感并能识别和确认的过程。例如，考试时从多个备选答案中选出正确答案就是再认。再认的速度和准确性主要取决于对事物识记的巩固程度和精确程度。熟记的事物一旦出现，人几乎可以无意识、自动化地在极短时间内做出识别。日常生活中，错误再认时有发生。例如，错把一个陌生人当作熟人相认，这是因为他的许多特征与熟人相似，这些特征在我们头脑中产生了泛化，而导致再认错误。再如，我们常常会出现认错、写错相似汉字的情况，像"戍""戌"两字很相似，极易混淆，因此常常被认错。

回忆是指过去经历的事物不在面前，但可以重新回想起来的过程。回忆分为有意回忆和无意回忆。前者是指有预定的回忆目的，在回忆任务的推动下，自觉主动进行的回忆。后者是指没有明确的回忆目的和意图，也不需要努力搜索，完全是自然而然地想起某些旧经验，如考试中的问答题就是要求对学习过的知识进行有意回忆，而生活中的一件事或一个场景偶然勾起了我们对往事的回忆则是无意回忆。

回忆和再认都是过去经验的恢复，一般来说，再认比回忆更容易提取信息，这是因为再认时有较多的线索给以提示，可帮助我们尽快地确认。能回忆的内容，一般都能再认，能再认的内容却不一定能够回忆。国外心理学家的实验结论是，就无意义的音节、文字等材料而言，回忆要比再认困难2到3倍。我们自己也有类似的亲身体会，考试中的选择题比问答题容易得多。

综上所述，记忆的过程包括识记、保持和再现三个阶段，研究者大都只关注其中的一个。但是这三个阶段之间有着非常紧密的关系：只有被贮存了的信息才能被提取，而且被提取的方式又依赖于信息是如何存贮的。简言之，这三个阶段是相互联系、相互制约的。识记是保持的前提条件，保持是识记的巩固手段，再认和回忆是记忆的表现形式。通过识记和保持可以积累知识经验，通过再认和回忆则可使知识经验恢复或被运用。因此，记忆过程中的三个阶段是一个不可分割的统一整体。学习中，我们应充分注意并运用它们之间的这种密切关系，以增强记忆效果，提高学习质量。

第五节 记忆与遗忘规律

记忆和其他各种心理活动一样，也具有一定的客观规律。遵循和掌握记忆的客观规律，有利于我们增强记忆力，提高学习和工作的质量与效率。

在记忆活动中，时间是一个很重要的因素，记忆的效果总是与时间条件构成各种复杂的关系。记忆保持的最大变化就是遗忘。对于曾经识记过的事物，不能再认和回忆或再认和回忆时发生错误，这种现象就是遗忘。遗忘是人正常的生理和心理现象，是记忆的对立面。记忆与遗忘是同时并存的，没有孤立的记忆，也没有单纯的遗忘。

德国心理学家艾宾浩斯是对记忆和遗忘现象进行实验研究的开创者。在实验中，他自己同时充当主试者和被试者，以无意义音节为实验材料进行实验，采用节省法检查识记效果，持续数年之久。艾宾浩斯的研究是一种开创性的工作，他使记忆这种比较复杂的心理现象得到了量化分析。下面是他的一些实验结果以及据此结果绘制成的著名曲线——艾宾浩斯保持曲线。

不同时间间隔的保持成绩（遗忘进程）

距离/小时	重学节省（%）（保持量）	遗忘数量（%）
0.33	58.2	41.8
1	44.2	55.8
8.8	35.8	64.2
24	33.7	66.3
48	27.8	72.2
6×24	25.4	74.6
31×24	21.1	78.9

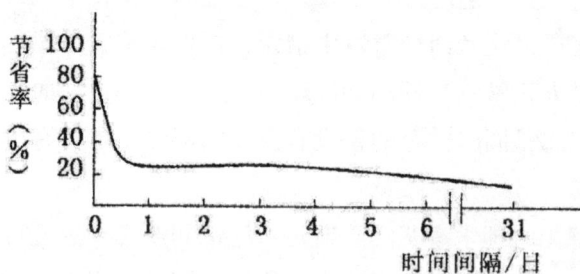

图1 艾宾浩斯保持曲线

由此我们可以看到，遗忘在学习之后就立即开始，在识记后的短时间内保持量就会急剧下降，遗忘较多，随着时间的进展保持量渐趋稳定地下降，遗忘的发展便较慢。这就是著名的"先快后慢"遗忘规律。正如艾宾浩斯的实验所示，在学习20分钟后遗忘数量已达到了41.8%，而在31天之后遗忘数量为78.9%，即熟记后经过1小时就只留下原来材料（保持）的44.2%，1天后保持33.7%，2天后保持27.8%，6天后保持25.4%，31天后保持21.1%。继艾宾浩斯之后，心理学家用单词、句子，甚至故事等各种材料代替无意义音节进行了研究。结果发现，尽管人们更容易记住有意义的字词，但不管要记的材料是什么内容，遗忘曲线的发展趋势都与艾宾浩斯实验的结果相同，证实了艾宾浩斯曲线的普遍性。

根据遗忘历程先快后慢这一规律，为了防止遗忘，我们就应采取相应的方法来提高记忆效果。因此学习后应当及时复习，"趁热打铁"，在记忆犹存的时候就进行复习。遗忘规律告诉我们，在识记刚刚达到的最初时刻是遗忘最严重的时刻，这是因为，新学过的材料在头脑中建立的联系还不巩固，痕迹很容易衰退，不及时复习的话仅几个小时后就可能有64.2%的遗忘，1天之后遗忘率达66.3%。这说明及时复习是极为必要的，复习的作用在于强化联系，如果说识记是利用已有知识对新输入的信息进行加工编码的过程，那么复习就是不断地进行再编码，增加对信息加工的深度，提高对信息进行编码的水平，提高编码适宜性。复习贵在及时，使即将消失的、微弱的痕迹重新强化，变得清晰，并在头脑中进一步巩固。及时复习就是要在新学习的材料尚未被遗忘时，对其巩固，使之纳入个人的认知结构中。事实证明，及时复习，防止遗忘，可收事半功倍之效；相反，如果延迟复习，要恢复遗忘的记忆就只有事倍功半了。

记忆的效果不是单纯地取决于复习的次数，复习具有累积效果，刚学过的知识不但要及时复习，而且要正确、适当地增加复习时间，随着记忆巩固程度的提高，复习的次数和时间可逐渐减少，间隔时间也可逐渐加长。连续进行的复习称为集中复习，复习之间间隔一定的时间称为分散复习。很多实验证明，分散复习比集中复习效果好。这是因为集中复习时大脑神经活动过程容易产生抑制的积累，而分散复习有较多时间间隔使抑制消除，并且有利于联系的巩固。分散复习时间间隔的长短，要根据材料的性质、数量、识记已经达到的水平等确定。一般认为，开始复习时间间隔要短，以后可长一些。只要平时坚持分散复习，到必要时采用集中复习，二者相结合就一定能达到满意的识记效果。那种平时不复习，考试前临阵磨枪的做法是达不到巩固知识的目的和效果的。

第二章

联想记忆法训练

本章提要

◎ 联想的原则

◎ 配对联想法记忆训练

◎ 串联奇想法记忆训练

◎ 借助词句联想法记忆训练

联想法是一切记忆术的基础，是入门的准备。任何记忆术都离不开联想。事实上，在我们以后的记忆法学习中，都要用到联想。因此，学习联想记忆法也就是对超级记忆力进行基本功训练。

所谓联想法是指利用右脑的形象化功能，将抽象的识记对象转化成客观现实中的具体的图像，再利用左脑的逻辑功能将图像进行联结的记忆方法。

爱因斯坦曾说："联想是记忆力和想象力的翅膀，如果人类缺乏联想力，那将是不堪想象的。"良好的记忆力有赖于图像的联结。利用联想的方法来记忆材料，就是开发人类的大脑潜能，充分使用左右脑的记忆功能，通过把左脑的语言、逻辑思维能力与右脑的形象记忆能力完美地结合，加强记忆的效果。

研究表明，人类的大脑分成左右半脑，左脑主管逻辑思维、思想与语言的记忆，而右脑主管形象等方面的记忆，比如一幅画面、一张面孔……凡是图像化的信息都是右脑记忆的强项，而词语内涵等抽象事物则是左脑记忆的优势。以往我们在记忆抽象事物时，如语言词汇等，都会通过理解的方法加上机械的记忆，这都是在运用左脑的功能。现在，我们在积极利用左脑的同时使用上右脑，也就是在记忆词汇等抽象事物时把它们还原成一幅幅形象的画面，这样一来，我们就结合了左右脑各自的功能，从而有效地使用全脑来记忆，因此记忆效果更加显著，同时也开发了左右脑的功能，完整地训练了自己的大脑。

第一节　联想的原则

一、奇特化原则

奇特化原则是指联想时尽量让平常的识记对象奇特化，以加深联想的深刻性，增强记忆力。人类的心理有一个共性，那就是对于越鲜明奇特的东西越能聚焦自己的注意力，并在记忆中留下深刻的印象。古埃及文献《阿德·海莱谬》中有这样一句话："人们对于每天看到的琐碎的、常见的事物，一般是记不住的。若是看到或听到奇特的、不可思议的、低级丑陋的、荒诞的、巨大的等异乎寻常而又离奇古怪的事物，反倒能记忆很长的时间。"

实现联想的奇特化有如下几种简单的方法。

（一）夸张法

所谓夸张法就是指将平常的记忆内容根据自己的想象夸大或缩小其形状、大小、数目等。例如：

他很胖。（平常）

他很胖，进门时把门都挤破了。（夸张奇特化）

（二）怪诞法

所谓怪诞法是指将平常的记忆内容根据自己的想象使其变得离奇、荒诞、趣味化。例如：

生气。（平常）

他生气时很可怕，头发都一根根竖了起来。（怪诞奇特化）

（三）比喻法

所谓比喻法是指将平常的记忆内容通过比喻的手法达到奇特化的目的。例如：

他跑得快。（平常）

他跑得快，像逃命的兔子一样快。（比喻奇特化）

（四）对比法

所谓对比法是指将平常的记忆内容与具体的、熟悉的事物进行对比以达到奇特化的目的。例如：

他跑得快。（平常）

他跑得快，快得比逃命的兔子还快。（对比奇特化）

（五）综合法

以上介绍的4种将平常转化为奇特的方法——夸张法、怪诞法、比喻法、对比法并不是截然分开的，常常可以综合起来一起运用。例如：

他跑得快。（平常）

他跑得快，像逃命的兔子一样快（比喻），一下子就跑到月球上去了（夸张）。（比喻、夸张综合奇特化）

他跑得快，像逃命的兔子一样快（比喻），因为他长着兔子的腿（怪诞）。（比喻、怪诞综合奇特化）

他跑得快，快得比逃命的兔子还快（对比），一步就跑出了十万八千里（夸张）。（对比、夸张综合奇特化）

……

以此类推，可以引出多种综合性的方法。

二、心象化原则

"心象"这个词在国外的心理学和记忆法的书籍里经常被提到。心象和形象虽然不是一回事，但关系密切。

我们知道，阅读小说时，信息进入大脑的方式是语言和文字，但看小说改编的电影或电视剧时，信息进入大脑的方式是画面和声音，这就是形象。

而心象则是经过主观变形、加工、奇特化甚至虚构的形象。

例如，当一看到"电脑"这两个字时，是文字进入大脑；让文字在大脑里消失，浮现出电脑的图像时，是形象进入大脑；如果脑海中的电脑比一般的大，而且还有情感、能唱歌、跳舞、说话，那就是心象。

正所谓百闻不如一见，一个亲身经历过地震灾难的人比只听过或读过描写地震灾难的文章的人，印象要深刻得多。这就是形象比语言和文字更容易感知记忆的道理。

联想时之所以要强调心象化原则，正是为了记忆时能最大限度地将心象摄入大脑，从而获得超级记忆力。

那么，将语言和文字心象化有什么要求呢？

（一）鲜明

所谓鲜明就是要求形象要逼真、清晰可见，不能含混模糊。例如"手机"这个词，要在大脑中浮现手机的样子，能看到每个细节，就像是真的一样。

（二）奇特

所谓奇特，就是用奇特化的方法将语言和文字在脑海中转化、建立奇特的形象。

例如"手机"这个词，在大脑中浮现出来的手机要比实际的大，而且还长着嘴巴，可以把来电信息说给主人听。

（三）动态

即使是静止的东西也要让它动起来。例如杯子，不要让它静静地被放在桌子上，而是要让它在音乐中跳舞。

（四）关己

和自己相关。例如杯子，一定要是自己经常用的杯子，这样才容易浮现出鲜明、逼真的形象。

根据上述"鲜明、奇特、动态、关己"的要求，我们可以从不同的角度加以说明。

（一）具体名词转化为心象

例如：将"老虎"这个词语转化为心象，首先要在大脑中浮现出老虎的样子，而不是狮子（鲜明）；这只老虎比一般的老虎大几倍，毛也很长，而且是白色的（奇特）；这只老虎从树林中扑出来（动态）；我和老虎搏斗（关己）。

（二）动词转化为心象

将动词转化为心象，在于一个"动"字。例如："跳舞"。可以在脑海中浮现这样一个画面——我是一位舞蹈家，在众多的观众面前快乐地跳舞，着重点是"动态"。

（三）形容词转化为心象

例如："红"，可用"红墨水""火焰"等进行联想记忆；"柔软"，可浮现自己躺在青草上的感觉和画面；"冰冷"，可浮现自己去触摸一块冰的情景。

从以上例子可以看出，许多形容词是靠触觉、听觉、嗅觉来感受和记忆的，要浮现心象，就要将其视觉化，这样才能形象鲜明。

（四）抽象词语转化为心象

抽象词语转化为心象，要将抽象词语通过各种办法转换为具体的词语，才能浮现心象。具体方法如下：

1. 谐音法。谐音法是指通过读音找到与抽象词语相同或相近的具体词语（用自己的读音），再浮现心象。例如：西周——稀粥、生活——生火等。

2. 取字面意思。取字面意思也就是望词生义。例如："矛盾"，指事物相对立的两个方面，但为了浮现心象，我们可以取字面上的意思，即"矛"和"盾"，古代的两种兵器；"如虎添翼"，比喻强有力的人因为得到帮助而变得更加强有力，可以想象老虎长出了翅膀。

3. 歇后语法。歇后语风趣、生动，在日常生活中应用较为广泛。例如："韭菜拌豆腐———清二白"，我们要浮现"一清二白"这个词语的心象，可以在脑海里浮现"韭菜拌豆腐"这道菜的样子；"泥菩萨过江——自身难保"，我们要浮现"自身难保"这个词语的心象，便可以在脑海里浮现"泥菩萨过江"的情景。

4. 以点带面。例如：如果要浮现"数学"这个词语的心象，可以用"数学老师"或"数学课本"来表示。

5. 情境化。例如："悲伤"，可以选择失恋的情境，你认为什么是最令你伤心的，你就浮现什么情境；"高兴"，可以用考试得了100分的场景、领奖的情境等；"犹豫"，可以用冬天不敢下水的情境来表示。

6. 图示法。例如："复杂情况"，可以想象一个很乱的图形；"集中统一"，可以用几个指向中间的箭头表示集中统一；"平等"，可以想象一个天平的图形。

除了上述几种方法以外，还可以用颠倒字序、增减文字等方法，不一而足，只要是能顺利快速地将抽象词语转化为心象的方法都是好方法。

三、联想原则

研究表明，心象有利于将事物相关信息快速、高效地存入大脑，并能在大脑中存储较长的时间，但如果不通过联想，则不能将信息在我们需要的时侯顺利地提取出来。

美国19世纪著名心理学家威廉·詹姆斯曾经说过："记忆的秘诀，就是根据我们想记住的各种资料来进行各种各样的联想。各种联想成了挂资料的钩子，有了这个钩子，如果资料掉了下来，就能够将它们再挂上去。"这说明，利用联想能大幅度提高我们的记忆效率，和一般的死记硬背式的机械记忆相比，具有明显的优越之处。不过，这里所说的联想，不是一般的用文字联想，而是用心象与心象之间的联想，或说用形象与形象之间的联想。

一般来说，事物与事物之间存在相似、相对、相关三种关系，联想的方法也可以分为以下三种。

（一）借代法

所谓借代法，就是根据事物间相似的关系，用一种事物代替另一种事物的联想方法。

例如"白酒——泉水"，二者都是液体，状态、颜色相似。可以这样想象（用心象，浮现画面）：我买了一瓶白酒，一喝原来是泉水，这是奸商搞的鬼。这样就是用泉水代替了白酒，经过这样一想，看到"白酒"这个词时，你就可以联想到泉水。

又如"脸盆——帽子"，两者形状相似。可以这样想象：我没有钱买帽子，就把脸盆罩在头上。或者这样想：我的帽子很奇特，可以拿下来当脸盆用，去打水洗手。通过这样的心象联想一遍，你看到脸盆就会想到帽子，看到帽子就会想到脸盆。

（二）对比法

所谓对比法，就是利用事物间相对的关系，通过对比的手法将相反的事物奇特化地联系在一起的联想方法。

例如"猪八戒——西施"，猪八戒很丑，西施很美，这是相反关系。我们可以浮现这样一个心象：猪八戒这个丑汉子，竟然娶了西施做媳妇，简直是一朵鲜花插在了牛粪上，太不协调了。这样想起猪八戒就会想到西施。

（三）动态法

动态的事物比静止的东西给人留下的印象更深刻。所谓动态法，就是指利用事物间具有的相关关系，将静态的事物通过奇特的手法动态化地联想在一起。

例如"太阳——房屋"，不要想象太阳光照在房子上，而要想象太阳突然掉到了房屋上，房屋燃起了熊熊大火。

又如"酒瓶——茶水"，不要想象酒瓶里装着茶水，这样不动态，也不奇特，而要浮现一个画面：茶水从酒瓶里喷出，喷了我一脸，真倒霉。

需要注意的是，借代法、对比法、动态法这三种方法并不是截然分开的，如果在联想的过程中难以区分相似、相反、相关，也可以都使用动态法。

如"老太太——花衣"，可用对比法：老太太很爱美，穿着一件花衣裳，引得别人议论纷纷；也可用动态法：一件花衣裳飞过来，正好罩在老太太头上，让老太太喘不过气来。

联想时，为了快速记忆，不必用两种方法，只要自己觉得印象深刻就可以了，如果印象不深刻，可以使之奇特起来。

第二节 配对联想法记忆训练

所谓"配对联想法"，就是借助联想、想象，为互不相关的识记对象建立一种两两对应的关系，以达到提起一方就能马上想起另一方的记忆效果。也就是像锁链一样，将资料一个接一个地连接起来，所有的资料都会因为这种两两相连的方式被有序而准确地记录下来。

例如提起中国的首都我们就会马上反应出是北京，问到中国最大的沙漠那就是塔克拉玛干沙漠，提起东岳那就是泰山。

对于这些对应关系明确的内容，我们就可以在问题和答案之间直接进行联想，这样以后在见到问题时再回想一下就可想起答案了。

其模式可解析为：甲↔乙。也就是说，通过联想，看到甲就能马上想起乙；看到乙就能马上想起甲。

一、配对联想法的运用

例　用配对联想法记忆以下5组事物

1. 小狗——手机　2. 苹果——沙拉　3. 电脑——照片
4. 茶叶——疾病　5. 鸡蛋——篮子

【配对联想记忆】

1. 小狗——手机：一条长着红色皮毛的小狗，拿着我的手机打电话。

2. 苹果——沙拉：吃苹果的时候，突然从苹果里喷出了沙拉酱，糊了我一脸，真倒霉。

3. 电脑——照片：一台电脑燃烧着熊熊的火焰，从天上掉下来，像流星一样，我把它拍成了照片留作纪念。

4. 茶叶——疾病：茶叶是一种神奇的叶子，可以入药治疗某些疾病。

5. 鸡蛋——篮子：鸡蛋突然从篮子里跳了出来，"啪"地砸到我脸上，鸡蛋碎了，蛋黄、蛋白糊在我脸上，真难受。

　　配对联想法运用起来简单快捷，但它的应用范围比较小，面对那些层次多、内容复杂的材料时不如其他记忆方法方便。但是，配对联想法是其他记忆方法的基础，我们后面讲的记忆方法最终也都要分解成配对联想法。

　　任何复杂的记忆材料实际上都可以分解为若干个"两个为一组"的记忆单位，把这些分解开的一组组记忆单位再串联起来就可以组成一个完整的记忆材料。配对联想法正是利用这"两个为一组"的规律，在"问题与答案"之间进行联想，以达到记忆的目的。所以掌握好配对联想法是学习其他记忆方法的基础。

二、实战训练

训练1　用配对联想法记忆名家作品

1.《梅花岭记》——全祖望

2.《悲惨世界》——雨果

3.《蜀道难》——李白

4.《卖炭翁》——白居易

5.《一件小事》——鲁迅

答案填写：

时间记录：＿＿＿＿＿＿

参考记忆

1.梅花岭上记载着全人类祖先的希望。

2. 在悲惨的世界里，几百年不下雨，非常干燥，也没有水果吃，真是生不如死。

3. 蜀国的道路非常难走，连路边的李子树上挂满了白花花的银子也没人敢去取。

4. 卖炭的老翁住在一个白色的居所里，很容易找到。

5. 鲁迅是个很细心的人，哪怕是一件小事也能记得很清楚。

训练2　下面有10个互不相干的词汇，请尝试用配对联想法进行记忆练习

1. 怪兽　2. 学校　3. 老师　　4. 汽车　5. 小狗
6. 市场　7. 警察　8. 巧克力　9. 老鼠　10. 木桶

答案填写：

时间记录：＿＿＿＿＿＿

🔖 参考记忆

　　一只怪兽跑到了学校，学校里的老师吓得开了汽车就跑，汽车撞死了一只小狗。我把死了的小狗拿到市场上去卖，市场上警察正在办案，吓得我赶紧给警察送了一盒巧克力。突然，从巧克力中飞出一只巨大的老鼠，老鼠把100个木桶吞到了肚子里。

第三节　串联奇想法记忆训练

　　所谓"串联奇想法"，是指在记忆时，将毫无关联的识记对象按一定的次序加以充分联想，建立一连串的对应关系，使之成为一个生动有趣的故事，形成一个整体，使得一提到其中的一种对象就很容易按顺序把另外的对象回忆出来的记忆方法。

　　其模式可解析为：甲→乙→丙→丁→……也就是说从甲联想到乙，再联想到丙，然后又联想到丁……一直紧密地联想下去。

一、串联奇想法的运用

　　例1　利用串联奇想法记忆鲁迅的系列作品

　　1.《狂人日记》　　2.《孔乙己》　　3.《明天》

4.《头发的故事》　　5.《药》　　6.《阿Q正传》　　7.《祝福》　　8.《长明灯》　　9.《铸剑》

【串联奇想记忆】

鲁迅写了一篇《狂人日记》来吓唬偷懒的《孔乙己》，要求孔乙己《明天》给我讲完《头发的故事》，同时必须把《药》送给《阿Q（正传）》喝，并《祝福》他早日康复，否则就要他点着《长明灯》去《铸剑》。

例2　利用串联奇想法记忆下列20个词语

1.马克　　2.可乐　　3.老虎　　4.手机　　5.警察
6.汽车　　7.天空　　8.电脑　　9.西瓜　　10.房屋
11.课本　12.电风扇　13.诗歌　14.果园　15.小偷
16.小狗　17.草地　18.毛巾　19.历史　20.学校

【串联奇想记忆】

"马克"正在山上喝"可乐"，突然，从山上蹿出一只凶猛的"老虎"。马克很害怕，于是就用"手机"报了警，"警察"很快就开了"汽车"来解救他。刚把他救上汽车，这时"天空"中掉下一台"电脑"，正好把车上的"西瓜"砸碎了。

我把砸碎的西瓜拿进了"房屋"里，房屋里乱糟糟的，"课本"被"电风扇"吹得翻了起来，正好翻到了有"诗歌"的那页，诗歌描绘了在"果园"里有一个还是学生的"小偷"把小狗赶出了"草地"，把草地上放着的"毛巾"和"历史"课本偷回"学校"去了。

上面的两个例子都是运用联想法的几个记忆原则，把互不相干的事物进行充分联想，编成了一个小故事，这样很快就让人记住了，更能轻松地正背、倒背出来。这是因为通过联想将这些事物形象化了，并且通过创新思维编成了故事，创设了情境，使人带着情感去读故事，自然很容易就记住了。这是左右脑的协调工作，是形象思维和抽象思维的结合，是情感和智力的和谐统一，是全脑思维的结果。

二、实战训练

最初开始练习时，可用少数几个词语进行串联，随着自身想象力的提高，可以逐渐增加词语的数量。

训练1　利用串联奇想法记忆现代作家老舍的作品

1.《四世同堂》　2.《骆驼祥子》　3.《月牙儿》
4.《小坡的生日》　5.《龙须沟》　6.《茶馆》　7.《离婚》

答案填写：

时间记录：＿＿＿＿＿＿

参考记忆

《四世同堂》的《骆驼祥子》与《月牙儿》相约于《小坡的生日》那天在《龙须沟》的《茶馆》里协议《离婚》。

训练2　利用串联奇想法记忆下列20个词语

1.苹果　　2.毛笔　　　3.哲学　　4.茶叶　　5.风油精

6.眼睛　　7.电视　　8.罐头鱼　　9.菜刀　　10.作家

11.洗发水　12.衣服　13.手机　14.订书机　15.大脑

16.椅子　17.哈巴狗　18.树林　19.山洞　　20.狮子

答案填写：

时间记录：＿＿＿＿＿＿

一个又红又大的"苹果"跑到书房里，要"毛笔"给她画一张漂亮的肖像。毛笔正在听"哲学"课的老师讲课，没有工夫搭理她，就拿了"茶叶"要她自己泡茶喝。

哪知道茶叶里竟然有一股"风油精"的味道，风油精把她的"眼睛"辣伤了，看不了"电视"节目，于是就坐下来吃"罐头鱼"，罐头鱼打不开，只好去请"菜刀"来帮忙。菜刀是"作家"用100瓶洗发水换来的，死活不肯借。

用"洗发水"洗"衣服"的时候，突然从衣服的口袋里飞出一部"手机"，朝着正在跳舞的"订书机"砸去，把订书机的"大脑"砸了个洞，鲜血直流，流得满"椅子"都是，吓得"哈巴狗"跑进了"树林"里，树林里有个神秘的"山洞"，据说山洞里住着一只长着三只眼睛的"狮子"。

第四节　借助词句联想法记忆训练

　　配对联想是其他记忆方法的基础，应用串联奇想联想法可以把若干个答案要点串联起来，它可看作是配对联想法的延伸。但任何事物都一样，如果中间涉及的环节越多则越要小心，因为只要这其中的任何一个环节出了问题都会产生连锁反应，其后面依次进行的程序就会因此受到影响。应用串联奇想联想法时若"串联"的内容过多，就会产生"掉线、脱钩"的危险。为了降低记忆风险和难度，我们引入"借助词句联想法"来缩短直接串联的长度，人为地将其拆分成紧密相关的若干组，然后把记忆对象分配到各个组中去。

　　所谓借助词句联想法，就是借助题外的词句与所需记忆的对象进行一一对应或直接串联联想的一种记忆方法。由于"外援"（如日、月、星等）中的每个字（或词、句）分担了记忆任务，这样就减轻了直接串联联想法以往"一人"操办到底的劳动强度，从而也降低了难度，防止了"掉线、脱钩"的危险。借助词句联想法的模式可解释为：日→甲→乙；月→丙→丁；星→戊→己……

下面我们结合实例具体学习一下这种方法。

一、借助词句联想法的运用

例　记忆历史题中"商鞅变法"的主要内容

"商鞅变法"的主要内容有如下4点：

1. 废井田，开阡陌；2. 奖励军功；3. 建立县制；4. 奖励耕织。

【借助词句联想记忆】

我们选择"商鞅变法"4个字与4个答案要点分别进行联想。这样就变成了：

"商——废井田，开阡陌；鞅——奖励军功；变——建立县制；法——奖励耕织"的形式。然后进行联想记忆。

1. 商——废井田，开阡陌："商"可联想成"商人"，商人们为了获得更多的利益，他们废掉了农民的井和田地，开出了许多的小路（阡陌）。

2. 鞅——奖励军功：把"鞅"想成"秧苗"，商鞅变法中规定将秧苗奖励给军功（奖励军功）大的人，军功越大，奖的秧苗越多。

3. 变——建立县制："变"可联想成"变化"，商鞅变法后社会变化很大，对王侯建立限制（建立县制）机制，以防对政权构成威胁。

4. 法——奖励耕织："法"可联想成"法制"，变法建立了奖励法制，对放牧多的人奖励耕牛和织布（奖励耕织），以鼓励发展农牧业。

闭眼回忆一下，看是否记住了？

通过"商鞅变法"一词就把"商鞅变法"的四点内容记住了。这就是借助词句联想法，从题外请"外援"来对记忆对象进行联想。

我们在应用借助词句联想法时应注意以下几点：

1. "外援"词句的个数要与所需记忆的条款数目相等。

2. 所选择的词句之间必须是紧密相关的。必须选用成语、俗语、歇后语、诗词等相互间存在紧密联系的词句，不能是东一个、西一个的临时拼凑的词句。如可以选择：日月星辰、蓝天白云或"床前明月光""飞流直下三千尺"等词句。因为这些都是约定俗成的，谁也不能够随便在其中间再增删文字。答题时数一下"外援"的个数，就知道有几条答案，不会遗漏答案数目。相反，若选用"你来了""你快点说""怎么还没来"等词句的话，回忆时就会拿不准到底是"你来了"还是"你回来了"抑或是"你才回来吗？"等词句，拿不准几个字，就可能漏答要点。

3. 借助的词句要选用自己所熟悉的。如果找的词句连你自己都觉得陌生，也就是说连记忆这些词句本身都成问题，这样的词句就很容易忘记，忘记了选用的词句就意味着忘记了答案，这样的词句不可选用。所以一定要选择那些你张嘴就来，能够不假思索、脱口而出的词句，如唐诗宋词、成语、歇后语、熟悉的歌词、歌曲名等都是最佳选择。

4. 联想前要先划出答案中的关键词。有的答案中带有一些叙述性的内容，应用借助词句联想法时，"外援"词不可能与答案中的每个字都进行关联，只能先划分出关键词，再用外援词与之进行联想，所以需要先行划出关键的、能起到"提纲挈领"作用的重要词。事实上，每个答案的要点中都有"点睛之语"，抓住要害、抓住重点答题是应试的诀窍！一道题中，你把关键的条条框框答出来了，即便叙述得不够丰满，起码2/3或3/5的分数也是能拿到的，要知道，老师判卷时都是按要点给分的。如上面例子中商鞅变法的主要内容这道题若是5分的话，你答出4个要点，那最少可得3分。

5. 有时干脆就用提出问题的题干作为"外援"的词句，如商鞅变法一题。但要注意的是，这样的题干得选用那种不论怎么提问都会出现的题干才行。不然的话，考试中若换个角度出，原来所借用的"外援"不再出现了，那也就想不起答案了。例如不论从什么角度考商鞅变法，"商鞅变法"这4个字都一定会出现，那我们就可放心地选用。另外，题干的字数要与答案要点数量保持一致。

二、实战训练

训练1　记忆影响气候的主要因素

影响气候的主要因素有5种：洋流、地形、海陆分布、大气环流、纬度。

答案填写：

时间记录：＿＿＿＿＿＿

参考记忆（略）

提示：可借助"床前明月光"这句诗来做联想记忆。

训练2　记忆宋太祖为了巩固统治，加强中央集权所采取的措施

1. 用"杯酒释兵权"的手段，削夺了朝中大将和地方节度使的兵权。（关键词：杯酒释兵权）

2. 加强中央禁军控制，由皇帝直接控制。（关键

词：中央禁军）

3. 派文官做知州取代原节度使，掌握地方行政权。
（关键词：文官、地方行政权）

4. 派转运使到各地管理财政，规定各地方收到的租税除一部分留归地方使用外，其余由转运使运送中央。
（关键词：转运使、管理财政）

答案填写：

时间记录：_____

✎ 参考记忆（略）

提示：可借助"老谋深算"4个字与4个答案要点中的关键词进行联想。

第二章

数字编码记忆法训练

本章提要

◎ 建立自己的数字编码表

◎ 数字编码排序训练

◎ 数字记忆训练

◎ 数字编码挂钩记忆法训练

我们的生活似乎日益被数字所包围，我们也逐渐被要求背下各种各样的数字——银行密码、网络账号及密码、出入办公室的安全密码等。数字无所不在——电话号码、火车时刻表、银行账号、历史年代……数字的记忆在我们生活中也占有相当大的比重，我们可以瞬间将这些数字记下来，并且在需要时准确地恢复记忆吗？如果可以，那该是一件多么好的事啊！

通过学习数字编码记忆法就能轻松解决数字记忆问题。通过学习，你会觉得原来记忆数字并不那么可怕，甚至很简单！经过训练，当你再记忆数字时，就不会像以前那样感到枯燥乏味了，反而会觉得津津有味、饶有兴致！

所谓"数字编码记忆法"，就是把1~100的抽象的数字通过形象化、谐音等方法转换成形象的具有特定意义并能译为原数据形式的编码字符，作为与识记对象进行联想的工具。例如，1的形状像铅笔、2像鸭子、88的谐音是爸爸等。数字编码是一套强大的记忆工具，不但可以帮助我们记住数字，还可以作为数字定位标签来记忆更多的信息。

第一节 建立自己的数字编码表

数字编码的设置通常是利用数字的音、形、意把原本抽象的数字转换为具体的图像或鲜明的含义。制作数字编码也是考验你想象力和创意力的大脑体操。下面是本书提供给大家的一套数字编码，但数字编码并不是固定不变的，你也可以根据自己的习惯建立有个人风格的数字编码。

数字编码表

数字	编码图像	编码方法及说明
1	铅笔	象形式，"1"的形状像铅笔
2	鸭子	象形式，"2"的形状像鸭子
3	山	谐音式，"3"的读音听起来很像山

（续表）

数字	编码图像	编码方法及说明
4	旗子	象形式，"4"的形状很像三角旗
5	钩子	象形式，"5"的形状很像钩子
6	口哨	象形式，"6"的形状很像口哨
7	镰刀	象形式，"7"的形状就像镰刀
8	葫芦	象形式，"8"的形状很像葫芦
9	酒	谐音式，"9"和"酒"同音
10	十字架	象形式，汉字的"10（十）"的形状很像十字架
11	筷子	象形式，"11"的形状就像是一副筷子
12	日历	意义式，一年有12个月份，取其意义就是日历
13	雨伞	谐音式，雨伞的读音和"1、3"连读听起来很相似
14	医师	谐音式，医师的读音和"1、4"连读听起来很相似
15	鹦鹉	谐音式，鹦鹉的读音和"1、5"连读听起来很相似
16	石榴	谐音式，石榴和"16"的读音听起来很相似
17	仪器	谐音式，仪器的读音和"1、7"连读听起来很相似
18	石坝	谐音式，石坝和"18"的读音听起来很相似
19	药酒	谐音式，药酒的读音和"1、9"连读听起来很相似

（续表）

数字	编码图像	编码方法及说明
20	耳饰	谐音式，耳饰和"20"的读音听起来很相似
21	阿姨	谐音式，阿姨的读音跟"2、1"连读听起来很相似
22	双胞胎	意义式，两个"2"有成双成对之意
23	耳塞	谐音式，耳塞的读音和"2、3"连读听起来很相似
24	一天	意义式，24小时为一天，取其意义
25	二胡	谐音式，二胡念起来就像"2、5"连读
26	二流子	谐音创造式，"2、6"的谐音是"二流"，加一个"子"使其具有完整的意义
27	耳机	谐音式，耳机的读音和"2、7"连读听起来很相似
28	恶霸	谐音式，恶霸的读音和"2、8"连读听起来很相似
29	二舅	谐音式，二舅的读音和"2、9"连读听起来很相似
30	山林	谐音式，山林的读音和"3、0"连读听起来很相似
31	三姨	谐音式，三姨的读音和"3、1"连读听起来很相似
32	扇子	谐音式，"3、2"的谐音是"扇儿"，也就是扇子
33	迟到	谐音+意义创造式，姗姗（33的谐音）来迟的意思就是"迟到"

数字	编码图像	编码方法及说明
34	鳝丝	谐音式，鳝丝的读音和"3、4"连读听起来很相似
35	山虎	谐音式，山虎的读音和"3、5"连读起来很相似
36	猪八戒	创造式，《西游记》中猪八戒有36般变化
37	山鸡	谐音式，山鸡的读音和"3、7"连读听起来很相似
38	妇女	意义式，3月8日是妇女节，取其意义就是"妇女"
39	散酒	谐音式，"散酒"的读音和"3、9"连读听起来很相似，没有包装的酒就是"散酒"
40	司令	谐音式，司令的读音和"4、0"连读听起来很相似
41	司仪	谐音式，司仪的读音和"4、1"连读听起来很相似
42	柿儿	谐音式，柿儿的读音和"4、2"连读听起来很相似
43	四川	谐音式，四川的读音和"4、3"连读听起来很相似
44	石室	谐音式，石室的读音和"4、4"连读听起来很相似
45	师傅	谐音式，师傅的读音和"4、5"连读听起来很相似
46	饲料	谐音式，饲料的读音和"4、6"连读听起来很相似

数字	编码图像	编码方法及说明
47	司机	谐音式，司机的读音和"4、7"连读听起来很相似
48	丝瓜	谐音式，丝瓜的读音和"4、8"连读听起来很相似
49	私酒	谐音式，私酒的读音和"4、9"连读听起来很相似，私人的酒就是"私酒"
50	武林	谐音式，武林的读音和"5、0"连读听起来很相似
51	劳动节	意义式，5月1日是劳动节，取其意义
52	屋儿	谐音式，屋儿的读音和"5、2"连读听起来很相似
53	巫山	谐音式，巫山的读音和"5、3"连读听起来很相似
54	青年	意义式，5月4日是青年节，取其意义就是"青年"
55	火车	谐音创造式，火车开动时会发出"呜呜"，所以"55"就是火车
56	蜗牛	谐音式，蜗牛的读音和"5、6"连读听起来很相似
57	武器	谐音式，武器的读音和"5、7"连读听起来很相似
58	舞吧	谐音式，舞吧的读音和"5、8"连读听起来很相似
59	五角星	谐音创造式，"5、9"的谐音很像"五角"，加一个"星"字，使其具有完整的意义

数字	编码图像	编码方法及说明
60	榴梿	谐音式，榴梿的读音和"6、0"连读听起来很相似
61	儿童	意义式，6月1日是儿童节，取其意义就是"儿童"
62	刘二	谐音式，刘二的读音和"6、2"连读听起来很相似
63	硫酸	谐音式，硫酸的读音和"6、3"连读听起来很相似
64	律师	谐音式，律师的读音和"6、4"连读听起来很相似
65	锣鼓	谐音式，锣鼓的读音和"6、5"连读听起来很相似
66	顺利	创造式，六六大顺，就是"顺利"的意思
67	氯气	谐音式，氯气的读音和"6、7"连读听起来很相似
68	喇叭	谐音式，喇叭的读音和"6、8"连读听起来很相似
69	绿酒	谐音式，绿酒的读音和"6、9"连读听起来很相似，绿色的酒就称为"绿酒"
70	麒麟	谐音式，麒麟的读音和"7、0"连读听起来很相似
71	起义	谐音式，"7、1"连读很像"起义"
72	孙悟空	创造式，《西游记》中的孙悟空有72般变化

数字	编码图像	编码方法及说明
73	奇伞	谐音式，奇伞的读音和"7、3"连读听起来很相似，奇伞就是神奇的伞
74	骑士	谐音式，骑士的读音和"7、4"连读起来很相似
75	器物	谐音式，器物的读音和"7、5"连读起来很相似
76	气流	谐音式，气流的读音和"7、6"连读起来很相似
77	七夕节	意义式，农历7月7日是七夕节，是牛郎织女相会的日子
78	青蛙	谐音式，青蛙的读音和"7、8"连读起来很相似
79	气球	谐音式，气球的读音和"7、9"连读起来很相似
80	巴黎	谐音式，巴黎的读音和"8、0"连读起来很相似
81	白衣	谐音式，白衣的读音和"8、1"连读起来很相似
82	叭儿狗	谐音创造式，"8、2"的谐音是"叭儿"，加一个"狗"字，使其具有完整的意义，叭儿狗即哈巴狗
83	爬山	谐音式，爬山的读音和"8、3"连读起来很相似
84	巴士	谐音式，巴士的读音和"8、4"连读起来很相似

（续表）

数字	编码图像	编码方法及说明
85	宝物	谐音式，宝物的读音和"8、5"连读听起来很相似
86	芭乐	谐音式，芭乐的读音和"8、6"连读听起来很相似，芭乐即番石榴
87	妈妈	谐音+意义式，"8、7"的谐音是"爸妻"，也就是"妈妈"
88	爸爸	谐音式，爸爸的读音和"8、8"连读听起来很相似
89	斑鸠	谐音式，斑鸠的读音和"8、9"连读听起来很相似
90	酒瓶	谐音式，酒瓶的读音和"9、0"连读听起来很相似
91	学校	意义式，9月1日是开学的日期，取其意义就是"学校"
92	酒窝	谐音式，酒窝的读音和"9、2"连读听起来很相似
93	旧伞	谐音式，旧伞的读音和"9、3"连读听起来很相似
94	酒肆	谐音式，酒肆的读音和"9、4"连读听起来很相似
95	旧屋	谐音式，旧屋的读音和"9、5"连读听起来很相似
96	酒楼	谐音式，酒楼的读音和上海话"9、6"连读听起来很相似

（续表）

数字	编码图像	编码方法及说明
97	酒器	谐音式，酒器的读音和"9、7"连读听起来很相似
98	酒吧	谐音式，酒吧的读音和"9、8"连读听起来很相似
99	舅舅	谐音式，舅舅的读音和"9、9"连读听起来很相似
100	眼睛	象形式，"00"与眼睛的形象相似

注：0的编码是"鸡蛋"或"乒乓球"，一般不用。用数字编码记忆数字，为了降低重复使用同一数字编码造成记忆混乱的概率，一般把两位数字作为一个记忆单位，当遇到只有一位数字时，请在该位数字前加"0"，加"0"后的数字编码和加"0"前的数字的编码相同，回忆时将其直接还原即可。例如，"01"的编码等于"1"编码，回忆时将其直接还原为"1"即可。

从理论上讲，可以把数字从"1"开始编码，一直到几万，甚至更多，每一个数字都赋予一个含义，但在实践中一般有100个数字的编码就够用了。

反复练习以上100个数字编码，直到可以快速（50秒内）反应出1~100所对应的编码图像为止。给自己信心，一定要做到，这可是一个非常强大而且实用的记忆工具哟！

第二节　数字编码排序训练

　　在进入这个训练之前，首先要牢牢记住100个数字编码，完全掌握并能快速反应以后，就可以进入数字记忆训练了。

　　为了快速完成100个数字编码的记忆，下面我们练习100个数字编码的排序训练。

一、方法攻略

　　首先，准备好100个数字编码的小卡片，可以制作成像扑克牌大小的卡片。正面是编码对应的图像，反面是数字，然后准备好秒表和纸笔。

　　打乱卡片的顺序，并将卡片摊开（正面朝上），然后在10分钟之内凭记忆按原来的顺序重新排列。

　　反复训练并记录每次所用的时间，了解自己的进步。这个训练可以加深我们对编码的记忆，同时也可以使我们迅速地把图像转化为数字。

二、实战训练

请加强这个训练！

第三节　数字记忆训练

一、方法攻略

用数字编码快速记忆数字，有下面几个步骤。以下面的30位数字为例：

2843627896543299486482451 13495

第一步，找出数字对应的编码：

28（恶霸）　43（四川）　62（刘二）　78（青蛙）

96（酒楼）　54（青年）　32（扇子）　99（舅舅）

48（丝瓜）　64（律师）　82（叭儿狗）　45（师傅）

11（筷子）　34（鳝丝）　95（旧屋）

第二步，利用联想记忆法将数字编码进行联想造句并编成故事：

"恶霸"跑到"四川"把"刘二"的"青蛙"卖给了"酒楼"的"青年"；青年偷走了我一把"扇子"，还把"舅舅"家的"丝瓜"也偷走了；糊涂的"律师"却把"叭儿狗"告上了法庭；可怜的叭儿狗直到"师傅"拿着"筷子"吃完了"鳝丝"才跑到"旧屋"里睡觉去了。

第三步，用倒推的方法将故事倒推成数字并汇总背诵：

恶霸（28）跑到四川（43）把刘二（62）的青蛙（78）卖给了酒楼（96）的青年（54）；青年偷走了我一把扇子（32），还把舅舅（99）家的丝瓜（48）也偷走了；糊涂的律师（64）却把叭儿狗（82）告上了法庭；可怜的叭儿狗直到师傅（45）拿着筷子（11）吃完了鳝丝（34）才跑到旧屋（95）里睡觉去了。

最后汇总为：28436278965432994864 8245113495

这三个步骤是为了清晰地说明数字记忆的过程，在实际记忆中，这三个步骤是在大脑中瞬间完成的。

二、实战训练

训练1　请用数字编码记忆法快速记忆下列数字
1283869733789634275899 10221145

答案填写：

时间记录：＿＿＿＿＿＿

参考记忆

　　一本奇大的日历（12）上写着爬山（83）的日期，这天，芭乐（86）精灵拿着酒器（97）喝着酒迟到（33）了，青蛙（78）王子很生气，也跑到酒楼（96）去吃鳝丝（34）了，突然，一个巨大的耳机（27）飞进了舞吧（58），并传出了舅舅（99）叫卖十字架（10）的声音，十字架被一对双胞胎（22）当筷子（11）买去送给了他们的师傅（45）。

　　训练2　请用数字编码记忆法快速记忆圆周率小数点后50位

| 1415926535 | 8979323846 | 2643383279 |
| 5028841971 | 6939937510 | |

答案填写：

时间记录：＿＿＿＿＿＿

参考记忆

医师（14）救了一只受伤的鹦鹉（15），露出了酒窝（92），锣鼓（65）赶走了山虎（35）；我吃了点斑鸠（89）肉后就拿着气球（79）摇着扇子（32）去妇女（38）那里买饲料（46）；二流子（26）跑到四川（43）去调戏妇女（38）并用扇子（32）把气球（79）弄破了；武林（50）中的恶霸（28）在巴士（84）上拿着药酒（19）决定起义（71）；将绿酒（69）和散酒（39）倒在旧伞（93）上放到神奇的器物（75）中就能变成十字架（10）。

数字记忆训练可以大大地开发我们的脑力，能有效提高我们的注意力、想象力、记忆力、反应能力。数字编码不仅可以帮助我们快速记忆数字，还可以作为定位记忆法的数字定位标签来记忆其他的信息，关于这个内容我们将在下一节的数字编码挂钩记忆法训练中详细讲述。

第四节 数字编码挂钩记忆法训练

我们前面学习过1~100共100个数字编码，它不仅可以用来记忆在数字编码记忆训练中学习的数字，还可以作为记忆的钩子来记忆更多的信息。

所谓数字编码挂钩记忆法，顾名思义，就是以1~100的100个有序的数字编码作为记忆钩子，记忆时将识记对象按顺序与数字编码钩子进行关联想象，达到最佳记忆目的的一种快速高效的记忆方法。

在进入下面的训练之前，请再次复习100个数字编码。

一、方法攻略

例　用1~20的数字编码记忆下列20个词语

1.书本　　2.电脑　　　3.洗衣粉　　4.牙膏　　　5.鞋子

6.杯子　　7.手机　　8.饼干　　　9.水果　　10.大脑

11.牛奶　12.饮水机　13.银行卡　14.大象　15.螃蟹

16.太阳　17.空调　18.电饭锅　19.广告牌　20.鸡蛋

　　用数字编码记忆上述20个词语时，首先要找出数字对应的编码，然后将数字编码和与之对应的词语进行配对联想，如1的编码是铅笔，用铅笔这个记忆标签和第一个要记忆的词语"书本"进行配对联想。上述20个词语的记忆过程可处理如下：

　　1——铅笔——书本：有一支神奇的铅笔，用其在书本写下任何梦想都可以实现。

　　2——鸭子——电脑：一只会魔法的鸭子在肚子饿的时候可以把电脑吃到肚子里。

　　3——山——洗衣粉：山上有一种泥土可以当洗衣粉用。

　　4——旗子——牙膏：旗子上用牙膏写了个大大的字。

　　5——钩子——鞋子：钩子上挂着一只巨大的鞋子。

　　6——口哨——杯子：魔术师一吹口哨，杯子就会跳起舞来。

　　7——镰刀——手机：镰刀把手机给砸坏了。

　　8——葫芦——饼干：藤上结满了葫芦，散发出饼干的香味。

　　9——酒——水果：有一些酒是用水果酿成的。

10——十字架——大脑：神父用十字架敲了敲我的大脑，我就变得超级聪明了。

11——筷子——牛奶：喝牛奶前用筷子搅一搅牛奶。

12——日历——饮水机：日历上明确标明了这台饮水机的购买时间。

13——雨伞——银行卡：打着雨伞走路，防止被天上掉下来的银行卡砸中。

14——医师——大象：医师被大象吸进鼻子里，大象疼得直打滚。

15——鹦鹉——螃蟹：嘴馋的鹦鹉的嘴被螃蟹的大钳子给夹住了。

16——石榴——太阳：石榴要吸收充分的太阳光才会又红又甜。

17——仪器——空调：用特殊的仪器能把石头变成空调。

18——石坝——电饭锅：因为没有电源，在石坝上没法用电饭锅煮饭。

19——药酒——广告牌：在大街上，关于药酒的广告牌是最醒目的。

20——耳饰——鸡蛋：魔术师把耳饰变到了鸡蛋里。

数字编码挂钩记忆法是一种快速高效的记忆方法，对于记忆年份等数字材料非常实用，它不但适用于记忆那些序列性强，具有若干条要点的材料，而且适用于记忆那些具有年代数字的单条材料。我们要经常使用数字编码挂钩记忆法来记忆信息。

二、实战训练

训练1　请用数字编码21~50挂钩记忆下列30项内容

1.书法　　2.电视机　3.鸽子　　　4.牙刷　　　5.作文本

6.桌子　　7.热水袋　8.倒霉熊　　9.葡萄　　　10.巧克力

11.棒棒糖　12.学校　　13.购物卡　14.老虎　　15.大米

16.智慧花　17.充电器　18.色彩　　19.麻辣鸡　20.篮球

21.老人　　22.钢琴　　23.洗衣粉　24.玻璃碗　25.太阳能

26.螃蟹　　27.创新　　28.扫描仪　29.汽车　　30.垃圾桶

答案填写：

时间记录：＿＿＿＿＿＿＿＿

训练2　请用数字编码51~100挂钩记忆下列50项内容

1.陶罐　　2.玛瑙　　3.虫子　　　4.钢笔　　5.课本

6.露水　　7.键盘　　8.电影　　　9.葡萄糖　10.企业

11.早点　12.守护神　13.健康护理　14.猎狗　15.麦子

16.水帘洞　17.青椒　18.流星雨　19.肯德基　20.排球

21.妈妈　　22.小提琴　23.可乐　24.房间　　25.干脆面

26.虾皮　　27.领导力　28.传真机　29.自行车　30.博士帽

31.马路　32.电动车　33.饭馆　　34.水库　35.沙滩

36.刘德华　37.音箱　38.组合柜　39.夏令营　40.矿泉水

41.薯片　42.茶室　43.纽扣　　44.怪兽　45.银行

46.快递　47.家教　48.背包　　49.书籍　50.武士

答案填写：

时间记录：_____

第四章

定位记忆法训练

本章提要

定位记忆法最早起源于古希腊，创始人是希腊诗人西摩尼得斯。传说有一次，西摩尼得斯收到一个叫史可帕斯的贵族的宴会邀请，史可帕斯希望西摩尼得斯能在宴会上吟诗。西摩尼得斯在宴会上吟了一首赞扬宴会主人的抒情诗，这首诗还歌颂了两位双子座的守护神。

于是史可帕斯对西摩尼得斯说："这首诗另一半的礼金，你应该向双子座守护神要才对。"结果他只付给了西摩尼得斯一半的礼金。过了一会儿，有人进来告诉西摩尼得斯说外面有两个年轻人要见他。西摩尼得斯走出去，却一个人也没有看见。

就在他刚刚走出去的时候，宴会厅的屋顶突然倒塌，里面的人无一幸免，全都葬身于瓦砾之下。而把西摩尼得斯叫出去的正是双子座的守护神，守护神通过这种方式向西摩尼得斯表达了谢意。被压在瓦砾下的尸体血肉模糊，无法辨认。就在这个时候，西摩尼得斯施展了他的记忆术，他在没有任何记录的情况下，根据宴会厅内每个死者生前所坐的位置，一个不漏地回忆起宴会厅600多位客人的名字，死者的亲人都很感激他。

记载西摩尼得斯惊人的记忆力的故事从此流传了下来，至今仍为世人津津乐道。

古罗马著名的演说家马库斯·图留斯·西塞罗那振奋人心的演说正是得益于这种方法。他把家里的固定设施编好序号，准备演说时把演说内容一一与固定设施进行联系。这样就可以全凭记忆来记住演说的内容而滔滔不绝地演说了。

定位记忆法的原理是将一系列熟悉的位置或地点与要识记的材料通过联想或想象建立联系，以位置或地点作为以后提取识记材料的记忆线索。

也就是说，定位记忆法就是预先在大脑中创建出一套或几套固定有序的定位系统，记忆时通过联想和想象，把识记对象按顺序与已创建好的定位系统联结起来的记忆方法。定位记忆法能让我们达到快速识记、快速保存和快速提取的目的。

你是否曾在看着一屋子文件柜或1000兆字节的硬盘标识时，感叹自己心有余而力不足？你是不是希望自己能像计算机硬盘一样，可以清楚地分门别类地储存你所需要的每一个信息，并以极快的速度提取这些信息？

不要失望，定位记忆法能使你的大脑做到这一点。你可以让自己的大脑成为一个可以无限扩展的巨大的档案夹、文件柜或者是数据存储库。

定位记忆法的作用就相当于在我们的大脑中创建了许多分门别类的记忆标签。当我们需要记忆大量信息时，只要将识记对象按顺序贴上分类整理好的记忆标签，在我们需要提取的时候，通过标签的索引很快就能提取到我们所需要的信息。

定位记忆法简便易行，它能使每个人的记忆出现奇迹。

运用定位记忆法记忆信息要注意两个要点：

第一，建立的记忆标签必须清晰有序；

第二，把识记对象通过联想法一个一个地联结在这些已经非常熟悉的标签上。

定位记忆法根据记忆标签的不同又可以分为许多种类，下面我们着重介绍身体标签定位法、地点标签定位法和物体标签定位法3种。

第一节　身体标签定位法记忆训练

　　本节内容将为你提供一种有效的定位记忆系统，让它在你想要立即背下东西时派上用场，那就是身体标签记忆法。

　　所谓身体标签记忆法，就是利用我们熟知的某些身体部位作为记忆标签，通过联想与识记对象进行联结，帮助加深记忆的方法。

　　身体标签记忆法是一种简单而有效的方法。其运作方式是在脑海里将识记对象形象化，使之变成具体的图像或画面，再与身体的部位联想在一起。画面越生动夸张越好，那样可以帮助加深记忆。

一、身体标签的设置

　　身体标签的设置除了要注意有序这一点外，没有什么固定的规则。你可以是从头到脚设置，也可以是倒过来设置。你的身体标签可以以10个为一组，也可以以20个为一组；本书建议你设置成10个一组，这样设置可以避免标签之间的干扰。下面我们设置了一套10个一组的身体标签，供你学习训练时进行参考。

身体标签从头到脚依次为：

第一个是头发，请摸摸自己的头发，是不是很光滑呢？

第二个是眼睛，请眨眨眼睛。

第三个是鼻子，请用手摸摸自己的鼻子。

第四个是嘴巴，请张张嘴巴。

第五个是脖子，请转一转脖子。

第六个是前胸，胸有成竹的时候会怎么做呢？请拍拍前胸。

第七个是肚子，摸一摸自己的肚子，是不是感觉有点饿了？

第八个是大腿，恍然大悟时我们会怎么样呢？请拍拍自己的大腿。

第九个是小腿，请摸一摸自己的小腿，走了很多路，小腿是不是有点酸呢？

第十个是脚板，请跺跺脚，脚板是不是会疼呢？

请复习一遍，看看是不是全部都记住了呢？如果没有的话，请再念一遍并重复一次刚才的动作，直到完全记住为止。

好，下面我们就来学习如何运用身体定位标签来记忆下文的物品。

二、身体标签的运用

例 用身体标签定位法记忆下列10个物品

1. 面条　2. 钢笔　3. 蚊香　　4. 可乐　　5. 钥匙
6. 手机　7. 课本　8. 洗衣粉　9. 计算器　10. 玩具蛇

第一步：回想出第一个身体标签是什么，并在大脑中回想出这个标签的图像。

第二步：用联想记忆法将识记对象和身体标签联结在一起，并记住它们。注意，为了减少多余的记忆信息，联想时请尽量做到简洁鲜明。

第三步：回想第二个身体标签，并重复上面的步骤，直到将所有的识记对象记完为止。

按照上述步骤，我们可以将例中的10个物品的记忆配对联想如下，请尽量想象出将它们联结后的图像：

头发——面条：头发烫得像面条。

眼睛——钢笔：眼睛里倒映出一支钢笔。

鼻子——蚊香：鼻子里闻到蚊香的味道。

嘴巴——可乐：用嘴巴喝可乐。

脖子——钥匙：脖子上挂着钥匙。

前胸——手机：怕手机丢，就把手机挂在前胸。

肚子——课本：学习时肚子饿了就把课本吃了充饥。

大腿——洗衣粉：大腿弄脏了就用洗衣粉洗洗。

小腿——计算器：小腿上绑着计算器，走路可不方便了。

脚板——玩具蛇：脚板下踩着玩具蛇，把玩具蛇给踩坏了。

现在，只要通过回想你非常熟悉的身体标签，你就可以按顺序联想到每一个物品了。请将你回想出来的物品按顺序写下来：

答案填写：

时间记录：_____

怎么样？记住了没有？是不是很快很准确呢？

三、实战训练

训练　用身体标签定位法记忆世界十大文豪，并记录时间

1.荷马　2.但丁　3.歌德　4.拜伦　5.莎士比亚

6.雨果　7.泰戈尔　8.托尔斯泰　9.高尔基　10.鲁迅

答案填写：

时间记录：_____

第二节　地点标签定位法记忆训练

　　地点标签定位法，简称地点法，其实是最古老的记忆方法之一，从古希腊时期的西摩尼得斯起，在相当长的时期内，地点法几乎就是记忆术的代名词。这种方法至今被认为是最有效的记忆方法之一。罗马房间法、行程法、位置法、信箱法等，它们虽然名称不同，但其实都是地点法。

　　所谓地点标签定位法，就是利用预设的有序的地点作为记忆的标签，记忆时将识记对象按顺序与地点标签进行想象、联结，以达到最佳记忆效果的一种快速高效的记忆方法。

　　地点标签定位法的运作原理是将不同地点划分为一组组的记忆标签，如房间地点可以以门、床、书桌等作为N个一组的标签，再通过联想、想象等思维方式将这些地点标签有次序地贴在需要认记的东西上。所谓"有次序"是指必须服从地点标签编号顺序和识记对象的排列顺序一致的原则，不能随便调整。这样，当需要回忆那些识记对象时，只需从这一组标签的第一个地点走到下一个地点，按标签设置的自然顺序在大脑中进行回忆就可以了。

当我们建立自己的地点标签，并遵循这一标签的顺序时，就可以使用这个工具来记忆任何互不相关的若干个问题。我们知道，人的思想具有分析性，只有在两个主题之间表现出逻辑关系时，才能从一个主题演绎到另一个主题。地点标签定位法是一个强大的记忆系统，可以摆脱逻辑思维束缚，因为它完全符合人为顺序的需要。

如果识记对象的数量比较多，我们可以多设置几组地点标签，地点标签的个数没有硬性的规定，但需要注意的是每组标签的个数一定要相同（最好是10个一组或5个一组）。因为齐整的地点数目可以帮助我们快速回忆要认记的东西。

运用地点标签定位法，不但可以开发大脑的想象力及联想功能，而且可以锻炼左脑的逻辑思维能力和索引功能。

一、地点标签的编制

（一）选择自己熟悉的地点资源。每个人都有不少自己熟悉的地点资源，它们唾手可得，很容易就被记忆下来，比开辟新的不熟悉的地点资源要快得多、容易得多。熟悉的地点标签更易记忆和回想，可以提高记忆的速度及精准度。

（二）对地点进行细化编号，如房间地点资源可细化为门、床、书桌等。编号时应遵循一定的原则，如由左到右、由上到下或由前到后等。

（三）对地点资源进行细化编号时要选择具有明显特征、给人深刻印象的地点，如门、床、书桌等。

（四）通过虚构增加新的地点资源。当我们熟悉的地点资源无法满足我们的记忆需求时，可以通过想象虚构增加新的地点资源。

我们每个人都有自己的房间，下面我们就以房间地点为例来设置一组标签：

1.门　　2.书桌　　3.沙发　4.电视机　5.床
6.衣柜　7.穿衣镜　8.壁灯　9.空调　　10.窗台

想象这就是你房间内部的物品（地点），你现在站在房门口。第一个地点是门，门非常古朴，门上还贴着你喜欢的剪纸画；第二个地点是书桌，书桌上放着你喜欢的武侠小说；第三个地点是沙发，沙发软软的，坐上去非常舒服；第四个地点是电视机，电视里正播放着你喜欢看的电视节目；第五个地点是床，床很宽大，你可喜欢在上面睡懒觉了；第六个地点是衣柜，衣柜里收纳着很多漂亮衣服；第七个地点是穿衣镜，你平时可臭美了，出门前总是在它面前照了又照；第八个地点是壁灯，壁灯会发出多种颜色的光，非常漂亮；第九个地点是空调，空调是冷热两用式的；最后一个地点是窗台，窗台上放着你喜欢的花草，散发出幽香的气息。

刚才我们把10个一组的房间地点标签记忆了一遍，请检验一下我们的记忆效果，将地点标签按顺序写在下面。

答案填写：

时间记录：＿＿＿＿＿＿＿

在平时的记忆中，我们可以随意地设置多组地点标签，以扩充我们的记忆容量，由于地点资源的无限丰富性，因此地点标签记忆法具有无限大的记忆功能。我们一定要熟练掌握这种记忆方法，这会让我们拥有超强的记忆力。下面我们结合自己生活中熟悉的地点（如客厅、学校、办公室等），建立属于自己的地点标签，并牢牢记住它。

二、地点标签定位法的运用

利用地点标签记忆法记忆下列对象：

1.茶叶　　2.杂志　3.衣服　4.名片　　5.手机

6.照相机　7.钢笔　8.葡萄　9.饮水机　10.鱿鱼

记忆过程处理为：

1.门——茶叶：门上挂着一包茶叶，"砰"的一声，茶叶被你关门时弄掉了，撒了一地。

2.书桌——杂志：书桌上面放着一本你特别喜欢的杂志，这本杂志打开的时候会发出美妙的音乐。

3.沙发——衣服：沙发上堆着一堆很脏的衣服，衣服上爬满了苍蝇，非常恶心。

4.电视机——名片：电视机里正播放一段因名片引发的杀人事件的新闻。

5.床——手机：魔术师把床变成了手机，太神奇了。

6.衣柜——照相机：衣柜倒下来把照相机给砸碎了。

7.穿衣镜——钢笔：穿衣镜上被人用钢笔画上了一幅美女图。

8.壁灯——葡萄：壁灯照在葡萄上，把葡萄烤熟了。

9.空调——饮水机：把空调设计成有饮水机的功能就会更有市场。

10.窗台——鱿鱼：窗台晾着一条巨大的鱿鱼。

好，请回忆一遍，想想每个地点标签上都有什么，按顺序将它们写在下面的空白处。

答案填写：

时间记录：_____

三、实战训练

训练1 请用地点标签定位法记忆十大才子书

1.《三国演义》　2.《好逑传》　3.《玉娇梨》

4.《平山冷燕》　5.《水浒传》　6.《西厢记》

7.《琵琶记》　　8.《花笺记》　9.《捉鬼传》

10.《驻春园》

答案填写：

时间记录：_____

训练2 请用地点标签定位法记忆世界十大思想家

1.孔子　2.柏拉图　3.亚里士多德　4.阿奎纳

5.哥白尼　6.培根　7.牛顿　8.伏尔泰　9.康德

10.达尔文

答案填写：

时间记录：_____

第三节 物体标签定位法记忆训练

物体标签定位法和身体标签定位法、地点标签定位法一样，都是指将自己熟悉的物体按顺序分解成若干个部件作为记忆的标签，并把这些标签铭记，记忆时将识记对象与物体标签按顺序进行关联想象，达到最佳记忆效果的一种快速高效的记忆方法。

所谓自己熟悉的物体，可以是自己喜欢的玩具、每天坐的公交车或自行车等。

一、物体标签的编制

物体标签的编制一般要遵循三条规则。

其一，物体熟悉法：选择被分解的物体时一定要选择那些自己熟悉的物体，这样在用被分解出来的记忆标签记忆时才能按顺序准确地回忆出所需记忆的内容。

其二，物体部件充分法：选择被分解的物件时一定要选择那些组成部件比较多的物体，一般要选择至少能分解成10个部件的物体，否则物体标签的制定会遇到困难。

其三，相关部件附加法：当熟悉的物体分解不到10个标签时，可以选择与其密切相关的物体作为附件部件，以得到10个一组的物体定位记忆标签。

下面我们就结合这三条原则来阐述物体定位标签的编制。

生活中，我们熟悉的物体很多，这里我们以门为例，根据门的特点可以将门依次分解为：

1.门楣　　2.门框　　3.门帘　4.门扇　5.门神
6.门猫眼　7.门把手　8.门锁　9.门槛　10.门铃

这样我们就完成了以"门"这个我们熟悉的物体编制出来的一组物体标签。

二、物体标签的运用

物体标签的运用和上述身体标签、地点标签的运用方法一样，例如用物体标签记忆法记忆下列对象：

1.茶叶　　2.杂志　3.衣服　4.名片　　5.手机
6.照相机　7.钢笔　8.葡萄　9.饮水机　10.鱿鱼

记忆过程处理为：

1. 门楣——茶叶：门楣上挂着一包茶叶，"砰"的一声，茶叶被你关门时弄掉了，撒了一地。

2. 门框——杂志：门框上贴着一本我特别喜欢的杂志的征订消息。

3. 门帘——衣服：妈妈把门帘扯下来做成了衣服给我穿。

4. 门扇——名片：门扇上贴满了许多印有各种广告信息的名片，我擦洗了一个上午都没洗干净，真是郁闷。

5. 门神——手机：在魔法的世界里，门神会用手机打电话，太神奇了。

6. 门猫眼——照相机：从门的猫眼里飞出一个照相机，砸伤我的眼睛，痛死我了。

7. 门把手——钢笔：门把手上，一支巨大的钢笔在跳舞。

8. 门锁——葡萄：小偷把我家的门锁撬开了，偷走了一颗葡萄。

9. 门槛——饮水机：门槛具有魔力，能变成饮水机。

10. 门铃——鱿鱼：门铃一响，我们家的鱿鱼从鱼缸里跳出来去开门。

好，请回忆一遍，想想每个物体标签上都有什么，按顺序将它们写在下面的空白处。

答案填写：

时间记录：_____

三、实战训练

训练　用物体标签记忆法记忆下列10项内容

1.墨水　　2.吹风机　　3.图书　　4.计算器　　5.酱牛肉

6.鱼缸　　7.影碟　　8.雪糕　　9.土豆　　10.橘子汁

答案填写：

时间记录：_____

第四节　定位记忆法的优越性

定位记忆法是非常快速高效的记忆法，同时它还是开发脑力的有效工具。经常使用定位记忆法来记忆，可以有效地提高大脑的反应速度。

心理学研究表明，人脑对形象材料的记忆效果远远大于对抽象材料的记忆效果。定位记忆法正是积极地运用这一理论，充分调动右脑的想象功能，把抽象的或无意义的材料通过联想、想象等手段变成有意义的、形象的材料，使它快速地"刻印"在大脑里而被牢牢记住。

熟练运用定位记忆法，能使人的记忆快速通过短时记忆顺利进入长时记忆，同时在识记多个材料时还可以抑制前摄和后摄的干扰，使记忆效果增强。

从生理机制来看，我们知道，大脑分为左脑和右脑，大脑的左、右两个半球的功能各有不同。左脑发展的是语言、逻辑思维；右脑发展的是形象思维、超高速形象记忆、共振能力、快速自动操作信息的能力。

　　一般来说，在记忆同一条信息时，传统的记忆方法是通过左脑的功能进行反复识记，经过多次机械性地增加识记的次数而达到背诵效果，而右脑则基本处于辅助甚至是闲置状态。这种以左脑机械记忆为主导的记忆方法因为在回忆时缺乏便于检索信息的手段，所以再现率低、遗忘率高。

　　相反，定位记忆法由于预先在大脑里存储了若干套便于提取和联想的有序的记忆标签，识记时，识记者便以预先存储的、熟悉的、有序的记忆标签去联结代表识记对象的图像。这个过程主要是靠充分调动左右脑的功能把抽象的、难于记忆的材料变成形象的、容易记忆的材料，然后深深地"刻印"在脑海里而达到一次性就能背诵的效果。

　　定位记忆法不但挖掘和发挥了右脑的图像化功能，同时还积极地发挥了左脑的功能，从而实现了全脑开发。因为运用定位记忆法记忆时，一方面，由于要将识记对象和预先存储的记忆标签进行联结想象，形成生动有趣的形象，使右脑的优势和功能得到了主动积极的发挥；另一方面，在对识记对象的形象或谐音的意义的理解上，由在此方面占有优势的左脑积极配合，从而实现左右脑的协调与整合，所以记忆效果远胜于单纯的左脑机械记忆和一般的理解记忆。

　　这正是定位记忆法快速高效的原因所在。

第五章

思维导图训练

本章提要

◎ 什么是思维导图

◎ 如何制作思维导图

◎ 思维导图的应用

◎ 思维导图绘制举例

心理学研究表明：创造性思维是智力活动的重要部分。它是一种摆脱了思维定势的解决问题的思维方式。它鼓励在发散性思维的基础上进行聚合思维，创造性地解决问题。从这层意义上说，思维导图就是训练和实现我们创新思维的重要工具。因为思维导图就是依据大脑思维的放射性特点来设计的，它打破了传统的思维方式，借助图形语言，实现了轻松记忆和创造性思维。

第一节 什么是思维导图

　　思维导图是"世界大脑先生"东尼·博赞于20世纪60年代发明的。思维导图自诞生以来，被广泛地应用于学习、工作、生活的各个方面，它成功地帮助全世界2.5亿人改变了生活，被誉为"21世纪全球性的思维工具"。制订计划、管理项目、人际沟通、组织活动、分析问题、写作论文、演讲准备、复习应考等都可以用思维导图来解决，可见它的魅力。很多企业都将思维导图用于企业的决策、研发等环节之中，例如美国波音飞机公司将所有的飞机维修工作手册绘制成一张25英尺（约7.6米）的思维大导图，使得原来要花1年以上时间才能消化的数据，现在只要短短几周就可以习得了。

　　思维导图是一种将发散性思考具体化的方法。发散性思考是人类大脑的自然思考方式，每一种进入大脑的信息，不论是感觉、记忆或是想法，包括文字、数字、符号、食物、香气、线条、颜色、意象、节奏、音符等，都可以成为一个思考中心，并由此中心向外发散出成千上万的挂钩，每一个挂钩代表与中心主题的一个联结，而每一个联结又可以成为另一个中心主题，再向外发散出成千上万的挂钩，这些相联结的挂钩可以视为你的记忆，也就是你的个人数据库。

思维导图最大的功能在于它能把我们的想法都"画出来"，它利用色彩、图画、代码和多维度等图文并茂的形式来增强记忆效果，使人们关注的焦点清晰地集中在中央图形上。思维导图允许学习者产生无限制的联想，这使思维过程更具创造性。利用思维导图能轻松地把信息"放进"大脑里，也能轻松地把信息从大脑中"取出"。思维导图是一种放射性的网络结构图，有如渔网、河流、树、树叶，以及人和动物的神经系统。它们都使用颜色，都有从中心发散出来的自然结构，都使用线条、符号、词汇和图像，都遵循一套简单、基本、自然、易被大脑接受的规则。使用思维导图，可以把一长串枯燥的信息变成彩色的、容易记忆的、有高度组织性的图，它与我们大脑处理事物的自然方式相吻合。打个比方，思维导图就像一幅城市的地图。思维导图的中心就像城市的中心，它代表你最重要的思想或者问题的主题；从城市中心发散出来的主要街道代表你思维过程中的主要想法；二级街道或分支街道代表你次一级的想法，依此类推。特殊的图像或形状代表你的兴趣点或特别有趣的想法。

思维导图运用图文并重的技巧，把各级主题相互隶属的关系用相关的层级图表现出来，把主题关键词与图像、颜色等建立记忆链接，并充分运用左右脑的机能，利用记忆、阅读、思维的规律，协助人们在科学与艺术、逻辑与想象之间平衡发展，从而开启人类大脑的无限潜能。思维导图因此具有拓展人类思维的强大功能。

第二节　如何制作思维导图

其实在日常生活中，我们就一直应用着思维导图的放射性结构，可以说这种结构图在我们的生活中无处不在，我们随时随地都在使用它。例如，以汽车站为中心的交通网络，以自我为中心的个人、家庭、工作等社会关系，把它们绘制出来就是一张放射性结构的思维导图。因此思维导图的制作不需要什么高深的专业知识，它是我们大脑思维的自然的表达方式。思维导图的使用也没有任何年龄、学历或专业的限制，成人和孩子都可以学习和使用思维导图以提高自己的学习和思维技巧。

制作思维导图的工具极其简单，只需要一张纸和几支彩笔就可以开始制作，而且制作步骤也极其简单。一幅思维导图只需要以下几个步骤就可以制作完成。

1. 首先把主题摆在中央。从一张白纸的中心开始绘制，留出周围的空白。这样可以使你的思维向各个方向自由发散，更自由、更自然地表达你自己。最好用一幅图像或图画表达你的中心思想，图画越有趣越好。因为有趣的图像更能吸引你的眼球和大脑的注意力，使你全神贯注，使大脑兴奋，触发丰富的联想。

如果某个特别的词（而不是图形）在思维导图上绝对要处于中央地位时，这个词也可以通过增加层次感和多重色彩，绘制出吸引人的外形，从而将它也变成一个图形。

2. 向外扩张分支。想象用树形格式排列题目的要点，从主题的中心向外扩张。从中心将有关联的要点分支画出来，主要的分支最好维持在5～7个，近中央的分支较粗，相关的主题可用箭号连接。

将中心图像和主要分支连接起来，然后把主要分支和二级分支连接起来，再把三级分支和二级分支连接起来，依此类推。因为大脑是通过联想来思维的，把分支连接起来，可以更容易地理解和记住许多东西。如此把主要分支连接起来，便也同时创建了你思维的基本结构。

注意要让思维导图的分支自然弯曲而不是像一条直线。因为你的大脑会对直线感到厌烦。曲线和分支，就像大树的枝杈一样，它们更能吸引你的眼球。

3. 使用"关键词"表达各分支的内容。思维导图的目的是要把握事实的精粹，方便记忆。因此不要把完整的句子写在分支上，多使用关键的动词和名词。使用单个的关键词还有一个好处，就是单个的词汇使思维导图更具力量和灵活性。每个单独的词或许都能激活成千上万个可能的联想。每条线上只写一个词会给你带来联想的自由，更能激活大脑的功能，因此也更有助于新想法的产生。

4. 使用符号、颜色，文字、图画和其他形象表达内容。可用不同颜色、图案、符号、数字、字形大小表示类型、次序……图像愈生动活泼愈好，记住要使用容易辨识的符号。

5. 用箭头把相关的分支连起来，让彼此间的关系显示出来以用立体方式思考。如果在某项目未有新要点，可在其他分支上再继续。表达时只需要将意念写下来，保持文字的简要性，不用在意对错。

6. 自始至终使用图形。因为每一个图形就像中心图形一样，相当于1000个词汇，所以，假如你的思维导图仅有10个图形，却相当于记了10000字的笔记！何乐而不为？

7. 建立自己的风格。思维导图并不是艺术品，所绘画的内容能帮助你记忆才是最有意义的事。

8. 要用通感（多种生理感觉混合），尽量发挥视觉上的想象力，利用自己的创意来制作自己的思维导图。只要有可能，你就应该在思维导图中使用一些有关视觉、听觉、嗅觉、味觉、触觉和动觉（肌肉感觉）的词汇或者图像。许多著名的记忆大师和伟大的作家、诗人都曾用过这种方法。

9. 使用数字顺序，突出层次。按照基本分类概念的形式使用层次和分类，可以极大地提高大脑的能力。

如果你的思维导图是某项特殊任务的基础，比如一场演讲、一篇文章或者一次考试的答案，你可以以一种特别的顺序来交流自己的思想，如按时间或重要性给所需要的顺序编号。如果有需要的话，甚至还可以给每个分支分配一些合适的时间或者重点，这样可以更好地得出富有逻辑的思想，大大提高大脑的运作能力。

　　一套步骤下来，一幅思维导图作品就基本制作完成了，我们还可以在以后使用的过程中不断地修改和完善或者重画。重画能使"思维导图"更简洁，有助于长期记忆——同一主题可多画几次，不会花很多时间，但你很快会把这个主题牢牢地记住。当然，我们也可以借助计算机来完成思维导图的制作，而且今天已经有了很多这方面的软件，大家可以很方便地利用这些软件进行思维导图的制作。

第三节 思维导图的应用

思维导图学习法与和传统的学习记忆方法相比有较大的优势。

1. 使用思维导图进行学习，可以成倍提高学习效率，增进了理解和记忆能力。

2. 把学习者的主要精力集中在关键的知识点上。

3. 思维导图具有极大的可伸缩性，它顺应了我们大脑的自然思维模式，从而可以使我们的主观意图在图上自然地表达出来。

4. 思维导图极大地激发了我们的右脑。

世界上99.9%的人记笔记依靠的都是文字、直线、数字、逻辑和次序，这种方法是别人教给他们的，正如别人教给我的一样。这些确实是非常有用的工具，但唯一的缺点是它们并不是一套完整的工具。它们体现了你"左脑"的功能，却没有体现"右脑"的功能，而"右脑"是可以让我们感受到节奏、颜色和空间的。

思维导图在我们学习、生活与工作的过程中有许多用处，它不仅为我们理清了思维，更能激发我们的创造力。

我们平时可以将思维导图运用在我们的生活上，如购物的安排、投资的计划、如何准备一个生日晚会、如何开展一次旅行等。

对于青少年学生来说，可以将思维导图应用在学习上，利用这个思维工具可以帮助你制定自己的学习计划，梳理知识的脉络，建立自己的知识体系。如历史事件、地形分布、生物种类，甚至数理化公式、课文背诵等都可以利用思维导图来增强记忆与理解。

例如，用思维导图背诵课文，可分成4个步骤：识图、复述、记忆图和背诵。

第一步为识图。首先结合课文，从整体上把握该思维导图的布局，弄清图中每个区域和课文段落之间的对应关系。

第二步为复述。识图后即可复述课文。刚开始时，可使用带有文字的思维导图，以便熟悉文字和图形的对应关系，尽快进入左、右脑并用的状态。

第三步为记忆图。经过识图和若干次复述后，对思维导图的脉络走向就比较清楚和熟悉了。此时，即可记忆图了。

第四步为背诵。一边回想图像，一边发出声音来背诵课文，背不下来时可以看看图形。

上述4个步骤可以相互交叉并反复进行，重复操作几遍就能轻松背下全文了。

　　这样的过程既能背书又能锻炼自己的想象力，提升右脑的智能，实在是一种自我训练的好方法。

第四节　思维导图绘制举例

　　以本书的编写为例，思维导图可以发挥强大的编辑记忆功能。

　　首先要确立的是主题。《最强大脑训练法》有两个平行的主题：一是大脑潜能开发，这就是上编的内容；二是超级记忆力训练，这是下编的内容。我们先来看上编的内容：首先确立主分支，那就是章的主题。谈到大脑潜能开发，人们需要了解些什么呢？第一个问题当然是为什么要进行大脑潜能开发，这就是第一章的主题，即大脑潜能开发的价值与意义。这意义又可以从4个方面来说明，即这关乎大脑的潜能以及人的智能、情商与健康，于是列出了二级分支，这就是节。

　　接下来要认识我们的大脑，因为只有对大脑有了充分的认识，才能知道如何去开发我们的大脑。也就是说，只有掌握了脑科学的基础知识，才能准确知道选择

何种方法来开发大脑、开发哪部分的功能，才能做到有
的放矢。这就是第二章的主题。

　　再接下来，在认识大脑的基础上，介绍了专业的脑
力开发训练方法。这就是第三章的主题。

　　最后，将大脑潜能开发训练制作成思维导图如下：

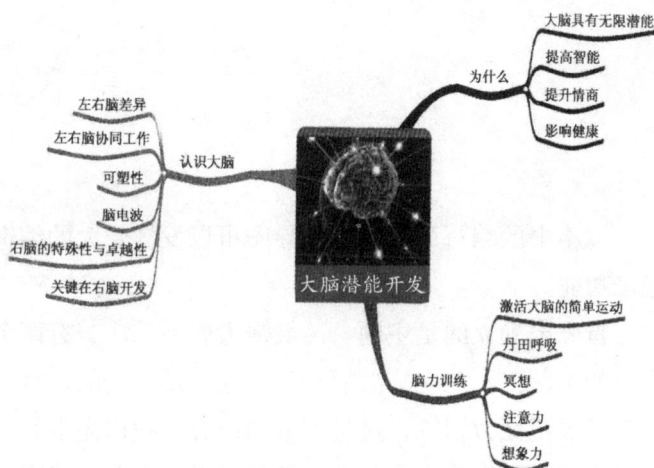

图1　大脑潜能开发思维导图

　　本书的下编——"超级记忆力训练系统"的思维导
图制作如下：

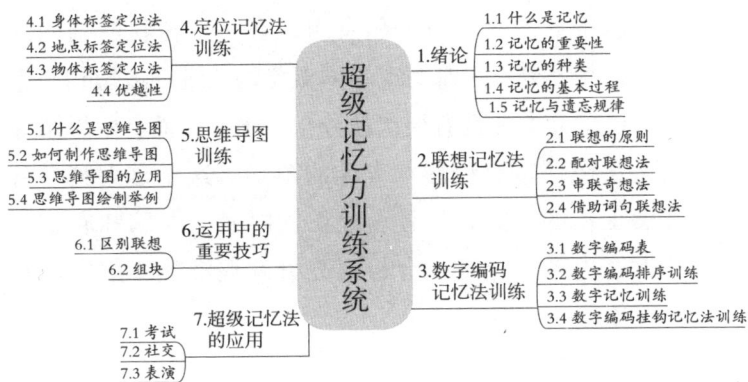

图2 超级记忆力训练思维导图

　　思维导图还有一个强大的功能——帮助大脑进行发散性思考。下面是一幅以水果为主题进行的发散性思考的思维导图：

图3 关于水果的发散性思考的思维导图
（图片来源：东尼·博赞《大脑使用说明书》）

思维导图将所有的信息组织在一个树状的结构图上，在每一分支上都写上不同概念的关键词或短句，把每一概念分类并且有层次地分布在图上，而有些思维导图上甚至还带有色彩和有趣的图案。这正是大脑自身开展工作的方式，这样就能够同时刺激左脑和右脑，让人在思考、记忆、分析时充分发掘潜能，激发灵感与想象。

第六章

超级记忆法在运用中的重要技巧

本章提要

◎ 区别联想

◎ 组块

第一节 区别联想

前面我们学习了多种记忆方法，也运用这些记忆方法记忆了不少的内容。如果需要识记的对象足够多，每种方法都用上了，或者用上了多种记忆方法，例如，我们用身体标签定位法记忆了世界十大文豪、用地点标签定位法中的房间标签记忆了十大才子书、用串联奇想法记忆了鲁迅的9部重要作品……在间隔时间较长后，势必会造成混乱：混淆这种方法识记的内容和另一种方法识记的内容；弄不清某些内容是用哪种方法记忆的……解决这个问题的方法就是在用某种方法记忆完某项内容后，进行及时的区别联想。

所谓"区别联想"就是指在运用多种记忆方法进行多项内容的记忆时，根据选择记忆方法的不同，对要记忆内容进行区别联想记忆，以避免记忆内容的混淆。

例如用身体标签定位法记忆了世界十大文豪后可做

这样的区别联想：世界十大文豪有一个共同的特点就是身体都很不好，他们的身体都被其功名拖垮了。这样，间隔较长时间后，当我们回忆世界十大文豪时，会首先想到他们的身体都很不好，就容易联想到这部分内容是使用身体标签记忆的，也就可根据身体标签的索引快速回忆出世界十大文豪是谁，而不会与其他记忆法记忆的内容混淆或想不起用何种记忆法而无法快速准确地回忆出来。

记忆时，还有另外一种情况也需要做区别联想。例如记忆亚洲的16条河流及其流向：

1.黑龙江　2.黄河　3.长江　4.湄公河（1~4流入太平洋）；5.萨尔温江　6.伊洛瓦底江　7.恒河　8.印度河　9.底格里斯河　10.幼发拉底河（5~10流入印度洋）；11.鄂毕河　12.叶尼塞河　13.勒拿河（11~13流入北冰洋）；14.塔里木河　15.阿姆河　16.锡尔河（14~16为主要的内流河）。

在记忆这个材料时就需要在编号4、10、13、16处进行区别联想，由于1~4流入太平洋，编号4的湄公河是分界处，只需将编号4的湄公河与太平洋进行区别联想即可；5~10流入印度洋，由于编号10的幼发拉底河是分界处，只需将编号10的幼发拉底河与印度洋做区别联想即可，依此类推。

区别联想是超级记忆力训练的一个重要技巧，大家要牢牢掌握它。

第二节 组块

　　我们意识到，在记忆当中将一些小单位的记忆材料联合成大单位的记忆材料，也就是说对小单位的记忆材料进行组块，可以有效地增加我们的记忆容量。

　　美国心理学家乔治·米勒最早提出"组块"的概念。所谓组块，是指将若干小单位联合成大单位的信息加工，也指这样组成的单位。另起一段，增加以下内容：人们把过去已有的经验和认知变为相当熟悉的一个独立体，如语言学习中的一个字母、一个单词、一个成语、一个句子、一篇文章、一个图示、一个事件等等。是记忆心理中用来表示记忆容量的测量单位，在记忆中具有极重要的作用。它具有两个特点，第一，扩容性，即短时记忆信息可以通过加大每一组块容量而得到扩充和提高；第二，差异性，即组块内部组织水平不同，或对信息再编码的方式不同，则相应的组块所包含的信息量也不同。短时记忆的容量不是以比特或刺激的物理单位如字母、字词来计算的，而是以组块来计算的。一般来说，正常成人短时记忆有7±2个组块的容量。组块实际上是在呈现的材料中人们能发现的最大的有意义的单元。如数字19491001，对熟悉中国现代史的人而言，它是一个组块，这是中华人民共和国成立的年月日，而对不熟悉中国历史的人来说则是一串由8个组块组成的无意义数字。

使记忆材料构成组块的思维操作过程称为组块化。这是记忆活动中最基本但最重要的方法，它能转换记忆单元，将较小的记忆材料结合成较大的记忆单元，这样就能扩大短时记忆的容量并提高记忆效率，增强我们的记忆力。

组块化过程可从两方面进行：一是把时间和空间非常接近的单个项目组合起来，使之成为一个较大的块，不一定需要形成一个有意义的单位；二是利用一定的知识经验把单个项目组成有意义的块，使组块的各项目之间存在某种固有联系，以形成一种整体的关系。要想扩大短时记忆的容量就必须对材料进行加工和组块，通过增加包含在每一组块中的信息量来增大短时记忆的容量。因此，短时记忆容量是一个有一定可变度的客体，它包含的信息可多可少，通常受主体原有知识经验的影响。诺贝尔经济学奖得主、人工智能研究的开拓者赫伯特·西蒙和威廉·蔡斯通过实验发现，知识经验越多，应用的组块数越多，且每个组块包含的相应信息量也越多，相应的记忆容量当然也越大。

总而言之，组块化是一种把许多个别的信息单位结合成较大单位的操作。这种操作提供了一种超越短时记忆存贮空间限度的手段，因而是增强记忆的一种行之有效的方法。

第七章

超级记忆法的应用

本章提要

◎ 让痛苦的考试不再痛苦

◎ 让你的社交活动变得更加简单

◎ 超级记忆力表演

第一节　让痛苦的考试不再痛苦

　　我们知道，在文科类的考试题中，不外乎是填空题、单选题、多选题、名词解释、列举题、简答题、论述题（综合题）、计算题等题型。在这些题型中，超级记忆法除了对计算题的帮助显得弱一些外，对其他题型来说都可以帮上大忙。

　　超级记忆法对于文科类学科内容的记忆具有极大的优势，可以说，哪里有文字记忆的需要，哪里就是超级记忆法的用武之地，就是其崭露头角的舞台！

　　文科类的试卷中，纯属"背记"的分数要占整个卷面分数的60%~90%，甚至100%。如果这些题你答得好的话，获得一个中上等的成绩是没有问题的。所以如果你是学文科的，那么在掌握了超级记忆法后，你肯定会成为尖子生——如果你能真正熟练地应用超级记忆法的话！

在学习时，面对各种各样的题型我们应该选择哪种记忆方法呢？实践中我们体会到，对于填空题、单选题，用配对联想法的记忆效果较好。如果涉及数字记忆的内容就用数字编码记忆方法来记忆。多选题、名词解释、列举题用串联奇想法效果较好；简答题、论述题（综合题）可用借助词句联想法或两种以上的记忆方法组合来记忆。当然，这是一般规律，学习中还会遇到很多问题需要区别对待，但大致说来都在这个范围以内。

在平时的学习中，应用超级记忆法来学习、记忆可牢牢地掌握各章节的基础知识，这样一来，考试中再遇到一些综合类的问题时，也都能很快地把相关的基本知识聚集起来，找出最贴近题意的材料来组织解答。这就如同先准备好各种建筑材料，等到开始建造高楼大厦时马上就可施工一样。况且，通常情况下考试中基础知识要占大部分分数，所以掌握好超级记忆法，会在学习上助你一臂之力。

第二节　让你的社交活动变得更加简单

　　人生活在社会中，就不可避免地要和人打交道，所以每个人的代号——即姓名，就非得记住不可！可在社会交往中，却常有人一转身的工夫就忘了刚介绍完的朋友的名字；还有的人与某个人在某个场合经人引见过，以后又常见面，也打招呼，聊得也投机，却偏偏想不起来人家叫什么了，又不好意思再问人家；又或者拜访完客户后就瞅着名片发愣，谁是谁都对不上号了……这些看似小事，实际上却很重要。

　　事实上，如果你见面不久就能说出别人姓名，这会被看作是对他人的一种尊重和重视。相反，总记不住别人的姓名会让人觉得你没把人当回事，轻视人家。

　　有些人可能也知道这些道理，也希望能很快地记住别人的姓名，可就是记不住，记完就忘，于是就把这一情况归咎于自己的记性不好，或者抱怨别人的姓名不好记，所以自己记不住。

姓名真的这么不好记吗？实际上只是你没掌握记忆姓名的方法而已！那么记忆姓名的诀窍是什么呢？同样是联想！

我们知道，中国人的名字大多是由2～4个字组成的。尽管每个字都是独立的，但是每个字却有许多谐音、同音字，再加上这些字能构成无数的词语，所以从联想的角度来说势必可转换出许许多多的"含义"，可"翻译"成若干个意思。经过"联想"这一特殊"工艺"后，姓名的记忆同样也会变得轻松起来！

姓名的记忆方法，除了从其字面上理解外，还可将姓名同这个人的面部特征、职业、单位、个人爱好、习惯以及你与他见面时的场所、情景等其他方面进行联想，经过联想处理后，你就能将他的姓名牢牢记住了。

第三节 超级记忆力表演

超级记忆法，不仅能帮助我们学习，还可用在娱乐表演上。人们常对那些有着超强记忆力的人心怀崇敬之情，而有些人的快速记忆表演也确实令人惊叹：他们常常能在很短的时间内记忆并背诵出观众随意说出的成百个词语、几十位的数字，能记住几十张随意摆放的扑克牌的顺序，能记住上百个人名，能记住几十个随意写出的同时带有大小写的英文字母等。观众看着这些表演，会由衷地佩服表演者超乎常人的记忆力！

所谓"外行看热闹，内行看门道"，如今你不用感叹自己"记"不如人了，学完超级记忆法后，这些表演项目你同样也可做到！我们下面就讲解一些项目的表演方法和技巧。

一、超级记忆之扑克牌排序记忆表演

小小的扑克牌给我们的生活带来了极大的乐趣，其玩法也数不胜数。我们今天介绍的不是什么新玩法，而是一种融记忆、娱乐为一体的记忆表演方法，即记扑克牌。记什么呢？

比如：

（一）别人洗完牌后交给你，你一张张地看完后，再交给他，让他随便"点"，如问第三张是什么牌、第十五张是什么牌、黑桃8是第几张等，你要准确报出。

（二）将一副牌不等份地分给几个人，你记完后，他们提问"方块9在谁那儿""红桃K在谁手里"或者某人手里有什么牌，你要正确地说出。

（三）从一副牌中随意抽出几十张，一一摆好，你记好后，把牌一一反扣在桌子上，别人提问"第几张是什么牌"等问题，你能准确地回答出来。

这些，不是魔术表演可以"作假"的，这可是实实在在的记忆功夫！你的这些表演势必会让大家吃惊。

那么如何来记忆呢？按顺序记忆是数字编码记忆法的优势，这种记忆方法是我们记忆扑克牌的首选。但我们首先需要对每张扑克牌进行编码，以便于我们进行联想。

大家知道，一副扑克牌中，红桃、黑桃、方块、梅花四组各有13张，再加上大王、小王，共54张牌。如果不进行编码，还用我们原来学过的数字编码，那么1~13

个数字，作为牌面和作为顺序号会重复出现，尤其是将有四组1~13个数反复出现，这势必会给我们的记忆带来混乱。例如第六张是黑桃9，第九张是梅花6，第八张是方块9，第十张是黑桃6，这里面作为顺序号码的6、9和作为牌面的6、9反复出现，在回忆时肯定会造成干扰，更何况还要区分出到底是黑桃6、9，还是方块6、9抑或是梅花6、9等，所以不对54张牌重新进行编码，我们就无法准确地记住每张牌面。下面向大家介绍一套编码方法：

扑克牌编码表

	红桃	黑桃	方块	梅花
A（1）	红箭	黑剑	房间	眉间
2	红孩儿	黑儿子	房梁	没耳朵
3	红参	黑山	荒山	煤山
4	红丝	黑寺庙	方士	谋士
5	红瓦	核武器	房屋	茅屋
6	红牛（饮料）	黑牛（豆奶）	黄牛	梅花鹿
7	洪七公	黑旗	房契	煤气
8	红包	台球	网吧	梅花
9	红酒	黑酒	黄酒	美酒
10	红石	黑石	风湿	美食

（续表）

	红桃	黑桃	方块	梅花
J（11）	鸿沟	黑狗	疯狗	眉沟
Q（12）	红球	黑球	方形球	煤球
K（13）	红卡车	黑客	房客	煤坑

说明：1.编码时对红桃、黑桃、方块、梅花四组花色只取前一个字的读音；2.对A~K的牌面读音尽量用其原音，如尖（A）、五（5）、七（7）、勾（J）、圈（Q）、楷（K）等，这样最接近我们读牌的习惯；3.每张牌的编码是用红、黑、方、梅与A~K的读音组合而成，这样看着牌面就能迅速联想出编码，如看见"红桃2"，由"红2"就会想到"红孩儿"；4.对于大王、小王，取其原意即可。

应用上述编码进行记忆：当我们在看一张牌时，要先看是红桃、黑桃，还是方块、梅花，然后取其红、黑、梅、方的读音与A~K的读音组合，想起编码后再将其编码与牌的顺序号码进行联想即可。

例如，有几张牌的先后顺序为：梅花6、黑桃9、黑桃7、红桃K、方块8、大王、梅花Q、方块3、梅花7、红桃2。

我们可以用1~10的数字编码与之联想：

"1"与"梅花6"→我用铅笔把梅花鹿杀死了。

"2"与"黑桃9"→鸭子跳到了装着黑酒的酒缸里

游泳。

"3"与"黑桃7"→山上插着土匪的黑旗，没人敢上山去玩。

"4"与"红桃K"→从旗子里飞出了一辆红卡车。

"5"与"方块8"→歹徒拿着钩子到我的网吧里抢劫。

"6"与"大王"→口哨一响，大王就会攻打敌人。

"7"与"梅花Q"→用镰刀把煤球捣碎。

"8"与"方块3"→葫芦长在荒山里。

"9"与"梅花7"→我喝醉了酒，把煤气当成氧气吸。

"10"与"红桃2"→牧师祈祷的时候，突然从十字架中飞出了个红孩儿。

好，我们来回忆一下：

"1"，想起"铅笔"，铅笔怎么了？用铅笔杀梅花鹿，"梅花鹿"是什么？是"梅花6"。

"2"是"鸭子"，鸭子怎么样？鸭子在装着黑酒的酒缸里游泳，"黑酒"是什么？是"黑桃9"。

……

"10"是十字架，十字架怎么了？十字架里飞出个红孩儿。"红孩儿"是什么？是"红桃2"。

这样10张牌就都记住了。无论别人怎么问你，你都可以倒背如流，相信观众会被你的记忆力所折服的，一定会觉得你很了不起。但是这对于受过超级记忆力训练的我们来说其实不算什么，只不过就是联想记忆而已。

需要注意的是，在做类似的表演前，要做到熟练掌握1~54的数字编码和A~K的54张牌的编码。另外，加上快速的联想能力，记忆扑克牌就非常容易了。

大家在刚开始练习时，要循序渐进，先从10张记起，然后再20张、30张、40张直至54张牌一起记。不要一开始就追求速度，要先训练联想记忆的准确性，然后再慢慢地在速度上下功夫，最后做到在几乎是看牌的一瞬间就完成联想。联想完后，再回忆一下，看有哪几张还记得不牢，再巩固一下，然后就可进行表演了。

在表演前还可以说说客气话，如"表演时有可能会记错牌，如果记错牌，还请大家多多谅解"等。这样即使54张牌中有个别的牌记错，大家也会体谅你的，也不会对表演效果造成太大的影响。切记别把"弓"拉得"太满"。

当你能把54张牌准确、快速地记住时，别再犹豫了，放开胆量去表演吧！

二、超级记忆之"过目不忘"表演

"过目不忘"是很多人的梦想，但绝对的过目不忘，即对经过或看过的东西能永世不忘的人是不存在的。经过超级记忆法的训练后，记忆力是会显著提升，但也不是永不遗忘，只是遗忘的速度会慢一些罢了。那种认为学了超级记忆法后就一劳永逸的想法是不现实的。用超级记忆法记完东西后，也要进行复习。但超级记忆法在"快"和"多"方面是占据绝对优势的。

我们这里所讲的"过目不忘"表演，实际上是一种能快速记忆观众随意写出的词语、数字等的表演方法。它不仅能全部记住观众写出的几十项甚至上百项词语或数字，而且可以按其先后顺序记忆，并能达到顺利倒背、点背的效果，随观众提问第几项是什么词或数字，或某个词或数字是第几项，表演者都可以脱口而出。

　　能在很短的时间内快速、准确地记住这么多词语，观众会很钦佩你的记忆力，会认为你很了不起，既而会很想知道你是如何做到的。

　　至于方法，我们前面已经介绍过了，这里不再赘述。

　　除了可以表演记忆扑克牌、词语和数字外，还可以表演短句、图形、英文字母等超级记忆，其表演方法都大同小异，大家可触类旁通，举一反三，看看自己能不能创造出别的表演项目。不过，记忆表演最重要的还是联想能力，因此一定要加强训练，练习再练习！

三、超级记忆之"过耳成诵"表演

　　表演"过耳成诵"，在记忆内容和方法上与"过目不忘"是一样的，唯一不同的是，表演"过目不忘"时，这些内容是写在纸上、黑板上，或其他媒介上的，观众能看见，你在表演前也是通过看的方式记忆。在记忆时，如果某项内容记得不牢，你还可回过头来强化一下，以达到全部记住的目的。但"过耳成诵"就不一样了，只能以听的形式来记忆观众出的题目，你一边听，一边就要记住。对方话音一落，你就"看不见"，找不着了，没记住也不能"让我再看你一眼"了。当然你可以要求其重复说一遍，但如果重复的次数多了，则会影响记忆表演的效果。

表演"过耳成诵"，要求你得在对方说出词语的那一瞬间就完成联想，最多再有2秒钟左右的时间来巩固。不然，半天才记一项内容，观众会产生不信任感的，会觉得这么长时间才记一个，这表演也不过如此嘛！这样一来就无法达到令人惊叹的程度。因此，虽然在内容上与"过目不忘"是相同的，但表演"过耳成诵"的难度要大得多。它要求表演者要有扎实的、过硬的联想能力。

但是，这也不是高不可攀的，只要你多做联想练习，在速度和准确性上都下足功夫，这方面的表演也难不住你。

刚开始练时，可找一同伴，让他把要记忆的内容写在纸上，然后一项一项地念给你听，念时速度要慢一些。你边听边记，全部记完后，回忆一下，对于模糊的可要求他再念一遍。在此基础上，慢慢地提高速度。开始时，可选择词语等容易记忆的内容进行联想练习，熟练后再增加难度。

还有一个需要注意的问题是：进行记忆表演时，应选择定位记忆法来完成记忆，这样每组记忆标签所记忆的内容不多，回忆时也容易得多。

结语 | 光知道方法只是1%，99%靠练习

在阅读本书的过程中，你已经了解了许多开发大脑潜能及提高记忆力的方法，但要想真正有效地开发你的大脑潜能和提高记忆力，你还需要按照这些方法进行长期且艰苦的训练。

任何事情如果只知道方法，这仅仅是实现了事情的1%，剩下的99%还要通过实践来完成。开发大脑的无限潜能和培养超级记忆能力也只能如此。

在刚开始训练时，也许很多人都觉得训练起来很麻烦。就拿记忆力训练来说，一开始时，使用记忆法来记忆，速度反而比较慢。比如一个英语单词，只要多写几遍也能记住，如果用记忆方法来记，说不定还要多花几秒钟。但是，使用记忆法有两个突出的好处，一是不容易遗忘，二是通过不断的练习，你会记得越来越快，进而养成随看随记的习惯，养成使用全脑的习惯，从而能

达到快速高效记忆，甚至过目不忘、耳听能诵的记忆效果。我们在进行记忆力练习的同时也开发了大脑，使大脑思维更加敏捷。

"磨刀不误砍柴工"，这句古老的谚语很好地诠释了这个道理。实践证明，很多坚持使用记忆方法的人在学习、工作方面都取得了很大的进步。

思想决定行为，行为决定习惯，习惯决定命运。本书教给了大家全新的思维方式和记忆方法，但同时也需要大家自律与坚持练习，将方法发展为习惯，进而改变自己的命运！